计算机应用基础
项目化实训教程Ⅰ

主　编　杜玉合
副主编　邢　鹏　张　猛　王甫任

电子科技大学出版社

图书在版编目(CIP)数据

计算机应用基础项目化实训教程 / 杜玉合
主编. -- 成都：电子科技大学出版社，2013.9
ISBN 978-7-5647-1922-7

Ⅰ. ①计… Ⅱ. ①杜… Ⅲ. ①电子计算机—高等职业
教育—教材 Ⅳ. ①TP3

中国版本图书馆 CIP 数据核字(2013)第 226040 号

内 容 简 介

本书结合五年制大专学生特点，采用项目导向、任务驱动的方式编写，以项目任务为载体，基于工作过程把每个项目分解为若干个任务，让学生在完成任务的过程中循序渐进地掌握计算机应用的知识和技能。全书共由 15 个项目 53 个工作任务组成，每项工作任务给出了任务目的、任务内容、任务实施、任务检验四个环节。通过项目任务的完成，详细介绍了计算机的发展、计算机的组成、Windows 7 的基本操作、互联网 Internet 应用、计算机常用工具软件使用、Word 2010 文字处理、Excel 2010 电子表格、PowerPoint 2010 电子演示文稿的功能及操作技巧和计算机日常维护与故障处理。本书针对五年制大专的计算机应用基础教学，具有形式新颖、概念清晰、实用性强和突出技能训练等特点。本书可作为大中专院校中五年制大专相关专业的教材，也可供各类培训班及用户自学使用。

计算机应用基础项目化实训教程

主 编 杜玉合

出　　版：电子科技大学出版社(成都市一环路东一段 159 号电子信息产业大厦　邮编：610051)
责任编辑：谢应成
主　　页：www.uestcp.com.cn
电子邮箱：uestcp@uestcp.com.cn
发　　行：新华书店
印　　刷：北京广达印刷有限公司
成品尺寸：185 mm×260 mm　　　　印张　19　字数　474 千字
版　　次：2013 年 11 月第一版
印　　次：2013 年 11 月第一次印刷
书　　号：ISBN 978-7-5647-1922-7
定　　价：41.00 元(全两册)

前　言

随着信息技术的飞速发展和计算机应用的普及，国内高校的计算机基础教育已踏上了新的台阶。由于五年制大专的人才培养方案和培养目标既不同于高职生，更不同于中专生，在五年制大专的计算机应用课程教学中，各大中专院校要么使用高职高专的计算机应用教材，要么使用中专的计算机应用教材，专门的教材基本没有。因此，在教学实践中急需一本真正适合五年制大专教学使用的专门教材。

我们在多年的五年制大专计算机应用课程教学经验的基础上，针对五年制大专学生的知识基础和接受特点，结合未来工作对计算机知识和技能的要求，编写了这本教材。本书采用项目导向、任务驱动的方式，按照"项目说明＋知识目标＋能力目标＋项目分解＋项目实施＋项目验证"的组织结构，体现"教、学、做一体化"的教学模式，注重项目任务和实际工作的结合。项目来源于实际工作，按照实际工作步骤分解完成，完成项目工作任务即完成一个内容的学习。

全书共分15个项目，主要包括配置一套计算机及相关办公设备、管理计算机、互联网应用、常用工具软件、制作"放假通知"和"请柬"、制作安全提示和组织结构图、散文页面的美化与打印、使用 Word 设计表格、制作"班级学生信息表"、制作"班级量化考核表"、制作"公司利润分析图"、制作 PPT 参加学院的"寝室风采"大赛、制作 iphone4s 发布会策划的多媒体 PPT、完成"感恩父母"班级活动的开场 PPT、为机房的计算机进行日常维护与故障处理。

本书由杜玉合任主编，邢鹏、张猛、王甫任副主编。其中，项目一、项目二、项目三、项目四由杜玉合编写；项目五、项目六、项目七、项目八由邢鹏编写；项目九、项目十、项目十一由张猛编写；项目十二、项目十三、项目十四、项目十五由王甫编写，全书由杜玉合总体规划、统稿、美工和版式设计。

由于编者水平有限，书中如有不妥，欢迎广大读者批评指正。

编　者

2013 年 6 月

目　　录

项目 1　配置一套计算机及相关办公设备

项目说明

当今社会,随着科学的发展,计算机已经广泛地应用在各行各业,从科学技术的研究到工农业的生产,从对企业管理到日常生活的应用,时时处处都有着计算机的影子。

本项目要求学生通过学习计算机相关知识、实际考察计算机市场,为企业办公室配置一套计算机系统以满足企业日常办公需要。

通过对计算机的组成和分类、计算机各部件的名称、功能的学习后,按照如下工作要求为企业配置计算机及相关设备。

工作要求:日常公文和图表的处理和打印,能够播放视频,扫描资料,对日常数据进行备份。

知识目标

掌握计算机的组成

掌握计算机的硬件接口

理解计算机的分类及特点

能力目标

能综合运用计算机硬件的技术指标来选购配件及组装计算机

项目分解

任务 1　了解计算机的概念

任务 2　了解计算机系统及其组成

任务 3　制作购置报告

任务 1　了解计算机的概念

任务目的

本任务的主要目的是让学生简单和直观地了解计算机的定义、发展历程和特点。

任务内容

通过学习和讨论,结合自己以前对计算机的了解,能准确地用自己的语言描述计算机的定义、发展历程和特点,有以下三个子任务:

子任务 1.1　了解计算机的定义

子任务 1.2　了解计算机的发展

子任务 1.3　了解计算机的特点

任务实施

子任务 1.1　了解计算机的定义和发展

电子计算机又称电脑(Computer)，是一种能高速、自动地按照操作人员或者预先设定的各种指令完成各种信息处理的电子设备，通常简称计算机。

计算机在诞生初期主要是被用来科学计算的，因此被称之为"计算机"。然而，现在计算机的处理对象已经远远超过了"计算机"这个范围，它可以对数字、文字、声音以及图像等各种形式的数据进行处理。实际上，计算机是按照事先储存的程序，自动、高速地对数据进行输入、处理、输出和存储的系统。总之计算机的应用已经渗透到人类工作、生活的各个方面。作为先进文化的产物，它极大地改变了人类的生活。

计算机系统是依据冯·诺依曼结构设计思想设计的。计算机是 20 世纪最先进的科学技术发明之一，对人类的生产活动和社会活动产生了极其重要的影响，并以强大的生命力飞速发展。

子任务 1.2　了解计算机的发展

电子计算机的发展阶段通常以构成计算机的电子器件来划分，至今已经历了四代，目前正在向第五代过渡。每一个发展阶段在技术上都是一次新的突破，在性能上都是一次质的飞跃。

第一代(1946~1957 年)，电子管计算机

1946 年 2 月 14 日，由美国军方定制的世界上第一台电子计算机"电子数字积分计算机"(ENIAC Electronic Numerical And Calculator)在美国宾夕法尼亚大学问世。这台计算机是个庞然大物，共用了 18 000 多个电子管、1500 个继电器，重达 30 吨，占地 170 平方米，每小时耗电 140 千瓦，计算速度为每秒 5000 次加法运算，如图 1-1 所示。第一台计算机的特点是使用电子管元件，体积庞大、耗电量高、计算机速度慢、可靠性差、维护困难。

图　1-1

第二代(1958~1964 年)，晶体管计算机

第二代计算机采用的主要元件是晶体管，称为晶体管计算机。计算机操作系统有了较大发展，采用了监控程序，这是操作系统的雏形，如图 1-2 所示。

图 1-2

第三代(1965~1969 年),中小规模集成电路计算机

20 世纪 60 年代中期,随着半导体工艺的发展,已制造出了集成电路元件。集成电路可在几平方毫米的单晶硅片上集成十几个甚至上百个电子元件。计算机开始采用中小规模的集成电路元件,这一代计算机比晶体管计算机体积更小,耗电更少,功能更强,寿命更长,综合性能也得到了进一步提高,如图 1-3 所示。

图 1-3

第四代(1971 年至今),大规模集成电路计算机

随着 20 世纪 70 年代初集成电路制造技术的飞速发展,产生了大规模集成电路元件,使计算机进入了一个新的时代,即大规模和超大规模集成电路计算机时代。这一时期的计算机的体积、重量、功耗进一步减少,运算速度、存储容量、可靠性有了大幅度的提高,如图 1-4 所示。

图 1-4

子任务 1.3　　了解计算机的特点

运算速度快：当今计算机系统的运算速度已达到每秒万亿次，微机也可达每秒亿次以上，使大量复杂的科学计算问题得以解决，例如：卫星轨道的计算、大型水坝的计算、24 小时天气预报的运算只需几分钟就可完成。

计算精确度高：科学技术的发展特别是尖端科学技术的发展，需要高度精确的计算。计算机控制的导弹之所以能准确地击中预定的目标，是与计算机的精确计算分不开的。一般计算机的计算精度可由千分之几到百万分之几，是任何计算工具所望尘莫及的。

逻辑运算能力强：计算机不仅能进行精确计算，还具有逻辑运算功能，能对信息进行比较和判断。

存储容量大：计算机内部的存储器具有记忆特性，可以存储大量的信息。这些信息不仅包括各类数据信息，还包括加工这些数据的程序。

自动化程度高：由于计算机具有存储记忆能力和逻辑判断能力，所以人们可以将预先编好的程序组纳入计算机内存，在程序控制下，计算机可以连续、自动地工作，不需要人的干预。

性价比高：几乎每家每户都会有电脑，越来越普遍化、大众化，22 世纪电脑必将成为每家每户不可缺少的电器之一。计算机发展很迅速，有台式的，还有笔记本电脑。

任务检验：学生能够复述计算机的定义、发展历程和特点。可采用老师随机提问或同学分组讨论的形式。

任务 2　　了解计算机系统及其组成

任务目的

在对计算机的概念有所了解的前提下，掌握计算机的构成，重点了解计算机硬件的组成，以完成配置办公设备的任务。

任务内容

了解微型计算机系统的各个部件的名称、外观、技术参数,能识别计算机各组成部件及插口,有以下五个子任务:

子任务 2.1 了解计算机的组成

子任务 2.2 认识计算机的硬件

子任务 2.3 认识主机

子任务 2.4 认识外部设备

子任务 2.5 了解计算机的软件

任务实施

子任务 2.1 了解计算机的组成

计算机由硬件系统和软件系统所组成,没有安装任何软件的计算机称为裸机。硬件是指由电子的、磁性的、机械的部件组成的我们可以看到的实体,可称为计算机的"身躯",如我们能看到的主机、键盘、鼠标等。软件是程序和相关文档的总称,是肉眼看不到和摸不着的,可称为计算机的"灵魂"。软件分为系统软件和应用软件两大类,Windows 7 等是系统软件,Word 2010、QQ 等是应用软件。计算机系统的基本组成包括硬件(hardware)和软件(software),如图 1-5 所示。

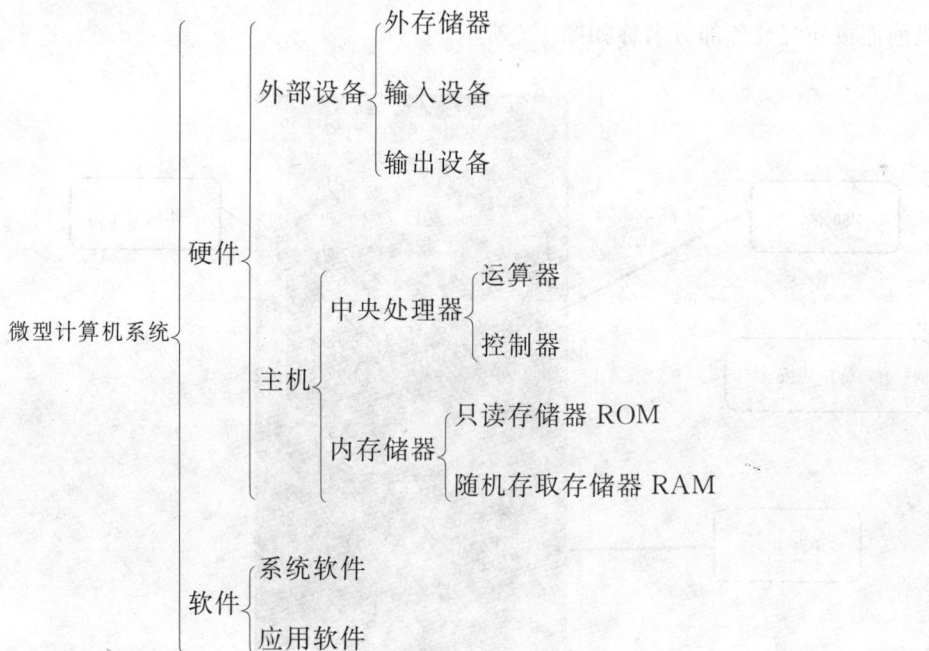

图 1-5

子任务 2.2 认识计算机的硬件(hardware)

通常计算机硬件的主要组成可以归纳为以下两大部分:主机(CPU 和内存储器)和外部辅助设备(输入设备、外存储器和输出设备)。主流微机又通常分为台式机和笔记本机,我们以工作中常用的台式机为主认识计算机的硬件组成。台式计算机系统的典型组成如图 1-6 所示。

图　1-6

子任务 2.3　认识主机

1. 主机外观

①主机前面板外观及各部分名称如图 1-7 所示。

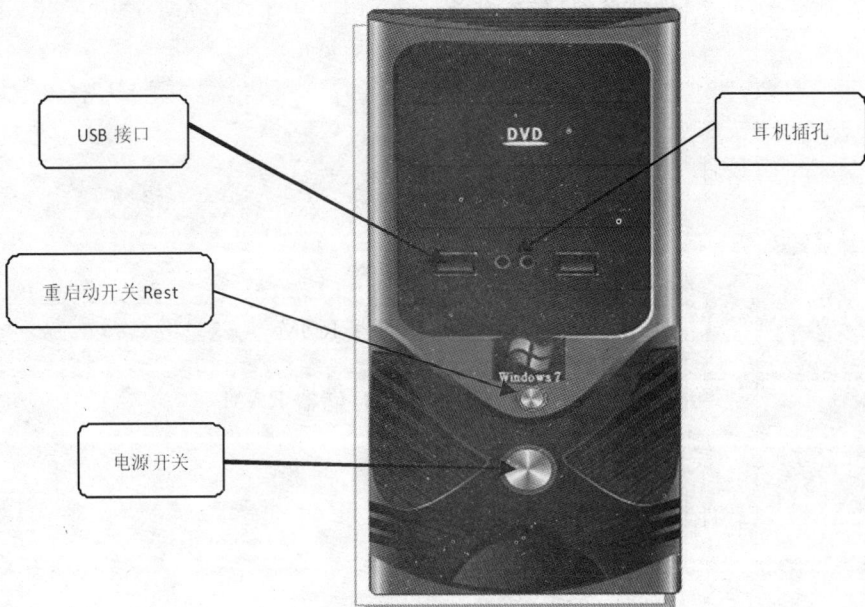

图　1-7

②主机后面板及各部分名称，如图 1-8、图 1-9 所示。

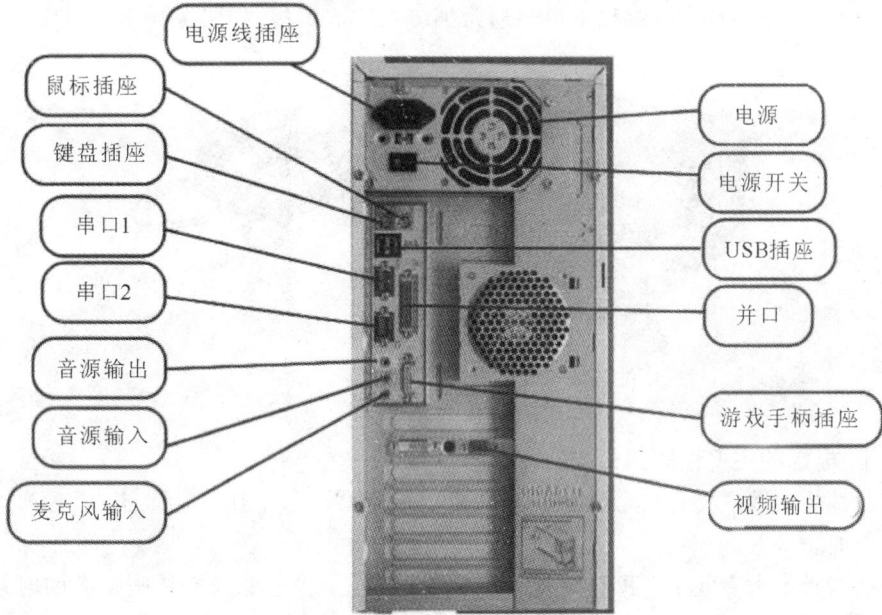

电源线插座

鼠标插座

键盘插座

串口1

串口2

音源输出

音源输入

麦克风输入

电源

电源开关

USB插座

并口

游戏手柄插座

视频输出

图 1-8

图 1-9　主机内部图

2.主机内部组成

电源是电脑中不可缺少的供电设备,它的作用是将 220V 交流电转换为电脑中使用的 5V、12V、3.3V 直流电,其性能的好坏,直接影响到其他设备工作的稳定性,进而会影响整机的稳定性。需要注意的是，电源和主机箱通常捆绑在一起销售，如图1-10所示。

图　1-10

小贴士：电源的主要性能指标：

电源的性能参数主要有：额定功率、功率因数、转换效率、电压适用范围、电源噪音和抗干扰性六个方面。

可是这些指标太专业了，我们要是自己买电脑，怎么看电源的好坏呢？有的时候我们并不需要一一去看六个方面的参数，比如最简单的方法，一般质量较好，用料足的电源均比较重，因此，一般来说电源越重越好。另外一个就是品牌，由于品牌电源比较注重口碑，并且价格较贵，一般不会出现山寨电源那种偷工减料。

主板是电脑中各个部件工作的一个平台，上面安装了组成计算机的主要电路系统，计算机各个部件通过主板进行数据传输。也就是说，电脑中重要的"交通枢纽"都在主板上，主板在整个计算机系统中扮演着举足轻重的角色。可以说，主板的类型和档次决定着整个计算机系统的类型和档次，主板的性能影响着整个计算机系统的性能，如图1-11所示。

图　1-11

小贴士：主板一线品牌介绍

华硕主板（ASUS）：全球第一大主板制造商，也是公认的主板第一品牌，做工追求实而不华，高端主板尤其出色，超频能力很强；同时，它的价格也是最贵的。

微星主板（MSI）：出货量位居世界前五，一年一度的校园行令"微星"在大学生中颇受欢迎。其主要特点是附件齐全而且豪华，但超频能力不算出色。

技嘉主板（GIGABYTE）：出货量与"微星"不相上下，一贯以华丽的做工而闻名，但绝非华而不实，超频方面同样不甚出众。

③CPU

CPU 即中央处理器,是一台计算机的运算核心和控制核心。其功能主要是解释计算机指令以及处理计算机软件中的数据。CPU 由运算器、控制器、寄存器、高速缓存及实现它们之间联系的数据、控制及状态的总线构成。作为整个系统的核心,CPU 也是整个系统最高的执行单元,因此,CPU 已成为决定电脑性能的核心部件,很多用户都以它为标准来判断电脑的档次,如图 1-12 所示。

小贴士:CPU 的技术参数和当前主流品牌

CPU 的详细参数包括内核结构、主频、外频、倍频、接口、缓存、多媒体指令集、制造工艺、电压、封装形式、整数单元和浮点单元等。

当前 CPU 的主流品牌有:

高端的有英特尔的酷睿 i7 系列以及酷睿 2 四核心系列;AMD 有弈龙四核心系列;中端的有英特尔酷睿 2 双核以及 AMD 的弈龙 3 核心;低端的有英特尔的奔腾双核以及 AMD 的速龙双核;入门级的有英特尔的赛扬双核以及 AMD 的闪龙双核以及低频速龙双核。

CPU 在电脑运行过程中会产生大量的热量,因此要为它配备一个性能可靠的散热风扇,如图 1-13 所示。

图　1-12

图　1-13

④内存

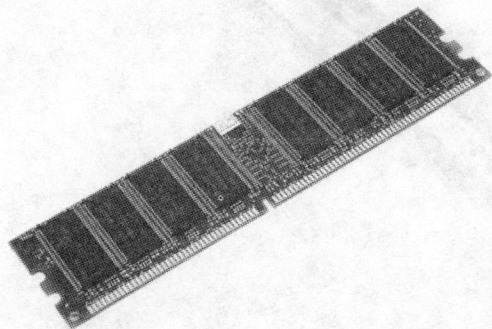

图　1-14

内存又叫内部存储器或者是随机存储器（RAM），分为 DDR 内存和 SDRAM 内存，（但是 SDRAM 由于容量低，存储速度慢，稳定性差，已经被 DDR 淘汰了）。内存属于电子式存储设备，它由电路板和芯片组成，特点是体积小，速度快，有电可存，无电清空，即电脑在开机状态时内存中可存储数据，关机后将自动清空其中的所有数据。内存有 DDR、DDR II、DDR III 三大类，容量 1～64GB，如图 1-14 所示。

内存条安装时用双手持内存条直接卡入主板上的内存插槽，注意内存条下端缺口的位置。

小贴士：计算机的容量单位

在计算机内部，存储容量或传输的最基本单位叫做字节（Byte，简写为 B），一个英文字符占 1 个字节的空间。日常工作中常用的计算机容量单位有千字节（KB）、兆字节（MB）、吉字节（GB），它们之间的换算关系如下：

1KB（Kibibyte 千字节）＝2^{10}B＝1024B，

1MB（Mebibyte 兆字节简称"兆"）＝2^{10}KB＝1024KB

1GB（Gigabyte 吉字节又称"千兆"）＝2^{10}MB＝1024MB

1TB（Terabyte 万亿字节又称太字节）＝2^{10}GB＝1024GB

在计算机中，涉及存储或传输容量单位的设备有内存、硬盘、主板、中央处理器 CPU、网速、移动硬盘、U 盘等。数值越大，单位越高，存储容量或传输速度就越大或越高，性能就越好。

当前主流内存品牌有：三星、金士顿、LG、NEC、东芝、西门子、胜创等品牌。购买时应注意观察芯片表面印字是否清晰，标称速度为多少以及产地。

⑤硬盘

硬盘属于外部存储器，机械硬盘由金属磁片制成，而磁片有记忆功能，所以，存储在磁片上的数据，不论是开机，还是关机都不会丢失。硬盘容量很大，已达 TB 级，尺寸有 3.5、2.5、1.8、1.0 英寸等，接口有 IDE、SATA、SCSI 等，SATA 最普遍，如图 1-15 所示。

图　1-15

小贴士：硬盘的性能指标和主流品牌

硬盘的性能指标主要有：容量、转速、缓存。

目前市场上硬盘的主流品牌有:日立、希捷、西部数据、东芝、富士通、三星、迈拓等。

⑥声卡

声卡是组成多媒体电脑必不可少的一个硬件设备,其作用是当发出播放命令后,声卡将电脑中的声音数字信号转换成模拟信号送到音箱上发出声音,如图 1-16 所示。

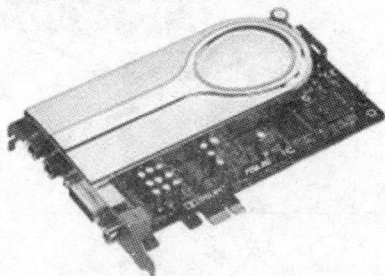

图　1-16

小贴士:目前主流品牌的主板上集合了声卡,一般不需要再单独安装声卡。但如果你是音乐发烧友,想使用电脑欣赏或处理音乐,那可以再单独安装独立的声卡。

⑦显卡

显卡在工作时与显示器配合输出图形、文字,作用是将计算机系统所需要的显示信息进行**转换驱动**,并向显示器提供行扫描信号,控制显示器的正确显示,是连接显示器和个人电脑主板的重要元件,是"人机对话"的重要设备之一,如图 1-17 所示。

图　1-17

小贴士:显卡的主要性能指标和主流品牌

显卡的主要性能指标有:频率、显存大小等。

显卡主流品牌有:七彩虹、蓝宝石、丽台、NVIDIA、讯景、丽台、影驰等。

主流品牌的主板上集合了显卡,一般不需要再单独安装显卡。但如果你对显示性能要求较高,如制做 3D、绘制 CAD 图、玩大型游戏等,那就需要安装独立的显卡。

⑧网卡

网卡的作用是充当电脑与网线之间的桥梁,它是用来建立局域网并连接到 Internet 的重要设备之一,如图 1-18 所示。

图　1-18

小贴士：主板中常已经集成了网卡，一般没有必要再单独安装网卡。

子任务 2.4　认识外部设备

1. 输入设备

输入设备是向计算机输入数据和信息的设备，是计算机与用户或其他设备通信的桥梁。它的作用是将程序文件、数据、文字、字符、控制命令或采集的数据等信息输入到计算机。常见的输入设备有键盘、鼠标、扫描仪、书写板、数字化设备（数码照相机、录像机和数字录音机）。

①键盘

键盘（keyboard）是最常用也是最主要的输入设备，包括字母键、符号键、数字键和功能键四个类型 100 多个键，通过键盘可以将各种字母、数字、运算符号、标点符号等输入到计算机中，并向计算机输入各种指令，指挥计算机内部的运行，如图 1-19 所示。

图　1-19

小贴士：关于键盘的使用，自己努努力吧，先从简单的开始。

②鼠标

鼠标（mouse）是现代电脑中不可缺少的输入设备，没有它就相当于人没有手一样。在图形下，鼠标可以取代键盘进行光标定位和完成某些特定的操作。现在已经有无线鼠标、光电鼠标、控杆鼠标等多种类型，可以供不同需要的用户选择，如图 1-20 所示。

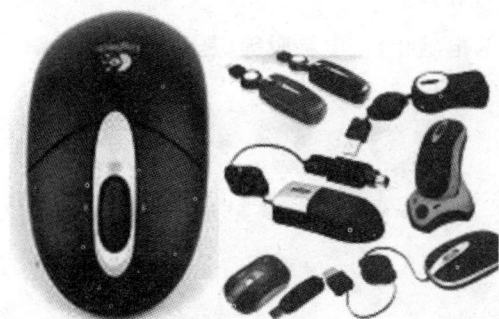

图   1-20

小贴士：关于鼠标的使用方法应该很简单，只是我们原来用的时候不在意，想想：单击、双击、拖曳、右击，是这样吧？有的鼠标中间还有一个可以滑动的轮子呢，都用过了吧，没用过的同学不用着急，马上让你学会！

③扫描仪

扫描仪（scanner）就是将照片、文字、图片获取下来，以图片文件的形式保存在电脑里的一种设备，如图 1-21 所示。

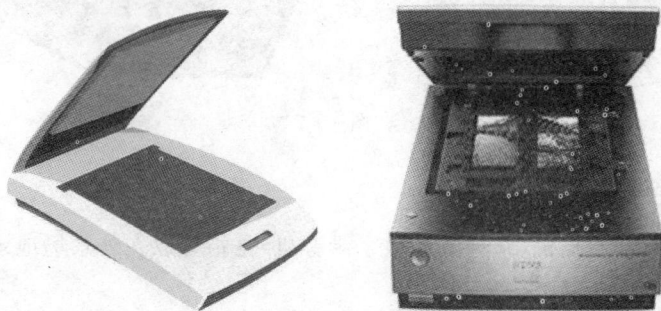

图   1-21

④麦克风

麦克风（microphone）是数字语音录入的主要设备，如图 1-22 所示。

图   1-22

⑤摄像头

摄像头(camera)又称为电脑相机、电脑眼等,是一种视频输入设备,如图 1-23 所示。

图　1-23

⑥手写板

手写板是一种输入设备,也叫手写仪,其作用和键盘类似,主要用于键盘打字困难的人,如图 1-24 所示。

图　1-24

⑦数字化设备

数字化设备(数字照相机、录像机和数字录音机)是指可以在外景场地录制图像、图片和声音的设备,如图 1-25 所示。

图　1-25

2.输出设备

输出设备同样是计算机的重要组成部分,用于把计算机处理后的数据或信息以数字、字符、图像、声音等形式表现出来。计算机常用的输出设备有显示器、打印机、音箱等。

①显示器

显示器是计算机的主要输出设备,分为 CRT 显示器、液晶显示器(LCD)等种类,如图1-26所示。

图　1-26

②打印机

　　打印机分为针式打印机、喷墨打印机和激光打印机三种类型,日常工作中这三种打印机应适用于不同的工作要求,因此,选购打印机必须根据工作需要确定打印机类型,如图 1-27～图1-29 所示。

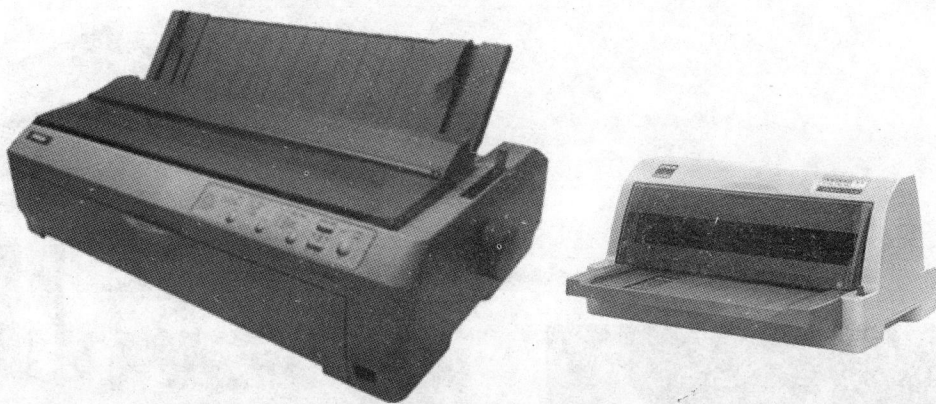

图 1-27　针式打印机

图 1-28　喷墨打印机

图 1-29　激光打印机

　　小贴士：目前 3D 打印技术已经进入初步应用阶段，如图 1-30、图 1-31 所示。不久，医生可以用 3D 打印机为心脏病患者打印出一个没有排异反应的心脏替换病人生病的心脏呢？

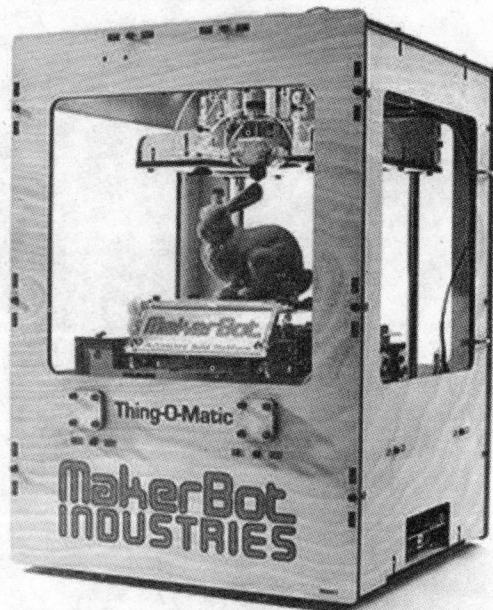

图 1-30　3D 打印机打出的自行车　　　　　　　　图 1- 31　3D 打印机想象图

　　③音箱
　　音箱用于计算机的声音输出，如图 1-32 所示。

图 1-32　音箱

④投影仪

投影仪是一种可以将图像或视频放大投射到幕布上的设备,如图 1-33 所示。

图　1-33

3. 其他常用设备

①移动硬盘

移动硬盘也称为外接硬盘,用于计算机之间交换数据或保存用户数据,具有便于携带、便用方便、容量大等特点。通常使用 USB 数据线同电脑相连。目前市场上的移动硬盘能提供320GB、500GB、600G、640GB、900GB、1000GB(1TB)、1.5TB、2TB、2.5TB、3TB、3.5TB、4TB等,最高可达 12TB 的容量,如图 1-34 所示。

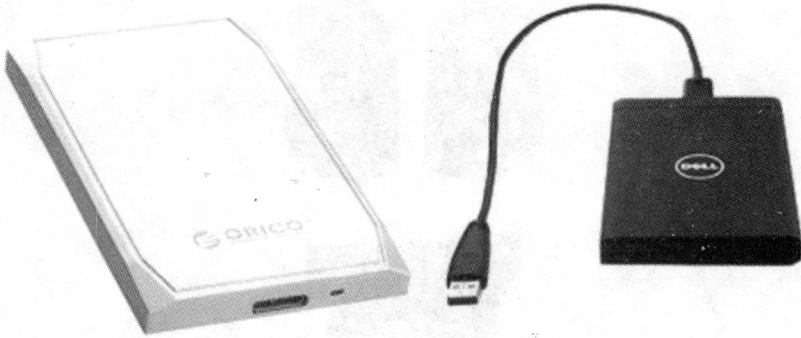

图　1-34

小贴士：USB是个人电脑中的一种外部接口的标准，USB根据不同接口与数据线支持设备：鼠标、键盘、打印机、扫描仪、摄像头、闪存盘、MP3机、手机、数码相机、移动硬盘、外置光软驱、USB网卡、ADSL Modem、Cable Modem等电子产品。

②光盘驱动器

光盘驱动器简称光驱，是电脑用来读写光碟内容的机器，也是在台式机和笔记本便携式电脑里比较常见的一个部件，一般安装在电脑主机上，如图1-35所示。

图　1-35

③光盘刻录机

光盘刻录机是一种数据写入设备，利用激光将数据写到空光盘上从而实现数据的储存，外观和光驱基本相同，一般都具有刻录和读写光盘的功能，如图1-36所示。

图　1-36

④U盘

U盘是一种比移动硬盘使用更方便的移动存储器。优点是：小巧便于携带、存储容量大、价格便宜、性能可靠。U盘体积很小，仅大拇指般大小，重量极轻，一般在15g左右，特别适合随身携带，我们可以把它挂在胸前、吊在钥匙串上、甚至放进钱包里。市场上一般的 U 盘容量有 1G、2G、4G、8G、16G、32G、64G 等，性价比高，如图 1-37 所示。

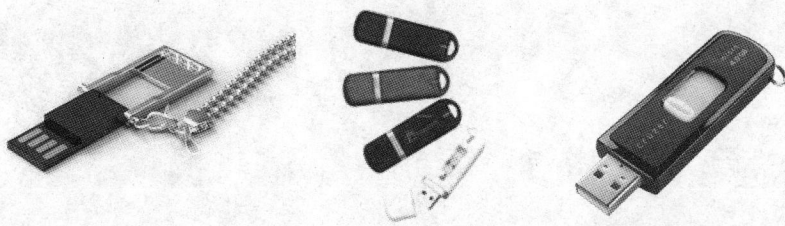

图　1-37

子任务 2.5　了解计算机的软件

如果一台计算机只有硬件的话，那么它只能说具有一副骨架而已，称为"裸机"，只有装上了那些看不见摸不着但又确实存在的软件后，计算机才能发挥作用。软件分为系统较件和应用软件两大类。

1. 系统软件

系统软件是指系统软件可以看做用户与计算机的接口，它为应用软件和用户提供了控制、访问硬件的手段，这些功能主要由操作系统完成，包括操作系统、计算机语言处理程序、数据库系统等，它们为用户启动计算机、辅助用户使用计算机。

系统软件中的操作系统是最直观、直接面向用户使用的系统软件，其他系统软件往往在后台"默默地"为我们工作着。

操作系统随着微机硬件技术的发展而发展，从简单到复杂。Microsoft 公司（微软公司）开发的 DOS 是一单用户单任务系统，而 Windows 操作系统则是一多户多任务系统，经过十几年的发展，已从 Windows 3.1 发展到 Windows NT、Windows 2000、Windows XP、Windows Vista、Windows 7 和 Windows 8 等等。它是当前微机中广泛使用的操作系统之一。本教材所选用的就是当前最先进、最流行的 Windows 7 系统。

小贴士：Microsoft 公司（微软公司）的总裁就是鼎鼎有名的比尔·盖茨

比尔·盖茨（Bill Gates）全名威廉·亨利·盖茨（William Henry Gates），美国微软公司的董事长。与保罗·艾伦创办微软公司，曾任微软 CEO 和首席软件设计师，持有公司超过 8％的普通股，是公司最大的个人股东。1995～2007 年的《福布斯》全球亿万富翁排行榜中，比尔·盖茨连续 13 年蝉联世界首富。2008 年 6 月 27 日正式退出微软公司，并把 580 亿美元个人财产捐到比尔和梅琳达·盖茨基金会 。

有兴趣的同学可以去网上"百度"一下噢，那上面内容非常全。如果你还没听说过或使用过"互联网"，或没有听说过"百度"，那可要好好学习本课程。

Windows 7 启动后计算机的屏幕显示如图 1-38 所示。

图　1-38

2.应用软件

应用软件是为了某种特定的用途而被开发的软件。它可以是一个特定的程序,比如一个图像浏览器也可以是一组功能联系紧密,可以互相协作的程序的集合,比如微软的 Office 软件也可以是一个由众多独立程序组成的庞大的软件系统,比如数据库管理系统。

日常工作和生活中我们经常使用的应用软件有很多,目前我们可能已经用过一些软件,也可能没有用过,但是,让我们先了解一下它们的名字吧,以后会慢慢学用并使用它们的:

办公软件:Office、WPS 等;

图像处理:AdobePS、绘声绘影等;

媒体播放器:Realplayer、WindowsMediaPlayer、暴风影音(MyMPC)、千千静听等;

图像浏览工具:ACDSee、美图看看等;

图像编辑工具:AdobePhotoshopCS2、光影魔术手等;

通信工具:QQ、MSN 等;

防火墙和杀毒软件:瑞星、360 安全卫士等;

输入法:智能 ABC、五笔、QQ 拼音、搜狗等;

压缩软件:WINRAR 等。

任务检验:学生能够辨认计算机硬件的各组成部件,了解软件的基本分类和功能,可采用老师随机提问或同学分组讨论的形式。

任务 3　制作购置报告

任务目的

制作出符合工作要求的计算机及相关设备的购置报告

任务内容

通过前两个任务的完成,我们已经对计算机系统有了一定的了解,根据工作要求和市场调查后,从功能、质量和价格出发制作出一份符合要求的购置报告。在实际工作中公司领导批准报告后,就可以交由采购部门按照购置报告的要求进行采购了,有以下三个子任务:

子任务 3.1　确定购买内容

子任务 3.2　市场调查

子任务 3.3　制作购置报告

任务实施

子任务 3.1　确定购买内容

工作要求:日常公文和图表的处理和打印,能够播放视频,扫描资料,对日常数据进行备份。

根据这些要求列出购置清单。设备包括:电脑主机、显示器、打印机、键盘和鼠标、音箱、扫描仪。

子任务 3.2　市场调查

让学生利用课余时间,根据购置清单上所列的设备,到本地电脑市场或超市做市场调查,摸清各种设备的品牌、功能、价格。

子任务 3.3　制作购置报告

市场调查后,按照公文要求制作购置报告。

任务检验:要求学生上交购置报告,圆满完成本项目任务。

小贴士:可以上网使用百度搜索购置报告参考文本作为参考。

项目 2　管理计算机

项目说明

　　单位配备计算机系统后,首要的任务就是怎样有效地使用计算机完成企业的各项工作任务,而要让计算机发挥自身的优势和功能,要首先管理好自己的计算机。

　　本项目通过学会熟练操作 Windows 7 操作系统、对文件与文件夹有效管理、个性化设置、软件的管理、用户管理、附件、中英文输入等任务,熟练地管理自己的计算机,让自己的计算机使用起来得心应手。

知识目标

了解 Windows 7 操作系统的基本操作

掌握文件与文件夹的管理

掌握 Windows 7 操作系统个性化设置

掌握软件及硬件的添加与管理方法

掌握用户管理的方法

掌握实用附件的使用方法

能力目标

熟练操作 Windows 7 操作系统

会有效地管理文件与文件夹

会进行个性化设置

会添加与管理软件及硬件

能进行用户管理

能进行附件的使用

项目分解

任务 1　Windows 7 基本操作

任务 2　管理文件和文件夹

任务 3　个性化设置

任务 4　"QQ"的安装和卸载

任务 5　管理用户

任务 6　使用附件

任务 7　中英文输入

任务 1　Windows 7 基本操作

任务目的

掌握 Windows 7 的启动、退出、桌面组成、对窗口的基本操作等。

任务内容

通过亲自动手进行操作，学会 Windows 7 的启动和退出，了解桌面组成元系及其功能，掌握窗口和对话框等基本操作，有以下 4 个子任务：

子任务 1.1　Windows 7 的启动与退出

子任务 1.2　认识桌面

子任务 1.3　操作窗口

子任务 1.4　使用对话框

任务实施

子任务 1.1　Windows 7 的启动与退出

启动与退出 Windows 7 是操作电脑的第一步，而且掌握启动与退出 Windows 7 的正确方法，还能够起到保护电脑和延长电脑使用寿命的作用。

1. 开机启动 Windows 7

要使用 Windows 7 操作系统，首先需要启动 Windows 7，在登录系统之后才可以做一系列相关的操作。开机启动 Windows 7 的操作步骤如下：

①首先打开显示器、打印机等外部设备电源。切记不可先打开主机电源再打开外部设备电源，否则会损害电脑主机。显示器和打印机等外部设备的电源开关位置由于品牌和型号的不同而位置也有不同，如图 2-1 所示。

图 2-1　电源开关标志

②然后按下电脑主机的电源按钮，打开显示器并接通主机电源。电脑主要电源一般在电脑主机面板前面或面板上面，如图 2-2 所示。

③在启动过程中，Windows 7 会进行自检、初始化硬件设备，如果系统运行正常，则无须进行其他任何操作，如图 2-3 所示。

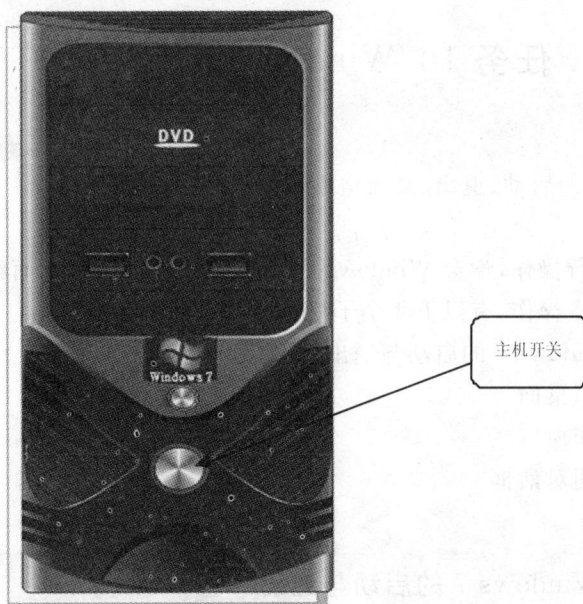

主机开关

图　2-2

图　2-3

④如果没有对用户账户进行任何设置,则系统将直接登录 Windows 7 操作系统;如果设

置了用户密码,则在"密码"文本框中输入密码,然后按 Enter 键或用鼠标单击按钮,便可登录 Windows 7 操作系统,如图 2-4 所示。

图　2-4

小贴士:Windows 7 操作系统共有六个版本:

Windows 7 Starter(初级版)

Windows 7 Home Basic(家庭普通版)

Windows 7 Home Premium(家庭高级版)

Windows 7 Professional(专业版)

Windows 7 Enterprise(企业版)

Windows 7 Ultimate(旗舰版)

Windows 7 版本不同,功能不同,适用用户类别也不同,启动后的桌面也不一样。Windows 7 家庭高级版和 Windows 7 专业版是两大主力版本,前者面向家庭用户,后者针对商业用户。Windows 7 Ultimate(旗舰版)拥有所有功能,面向高端用户和软件爱好者。

2. 关机退出 Windows 7

使用 Windows 7 完成所有的操作后,可关机退出 Windows 7,退出时应采取正确的方法,否则可能使系统文件丢失或出现错误。关机退出 Windows 7 的操作步骤如下:

①单击 Windows 7 工作界面左下角的"开始"按钮,如图 2-5 所示。

②弹出"开始"菜单,单击右下角的关机按钮,电脑自动保存文件和设置后退出 Windows 7,如图 2-6 所示。

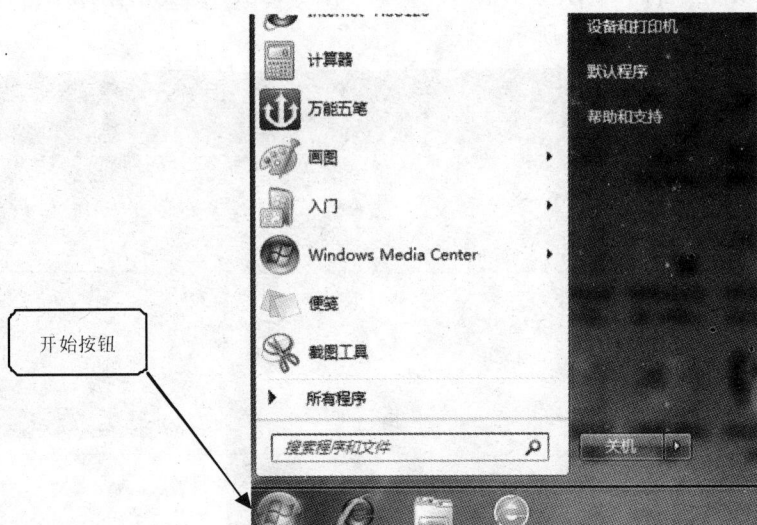

图 2-5

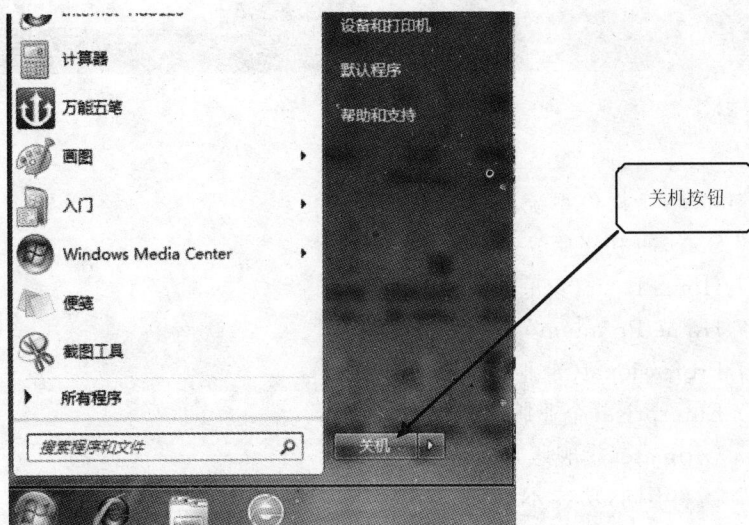

图 2-6

③主机关机后,方可关闭显示器及其他外部设备的电源,否则会对主机造成伤害。关机顺序刚好与开机相反。

小贴士:新购买的电脑一般都预装有 Windows 系统,但有的不是 Windows 7 系统,但我们又想使用 Windows 7,那么这个 Windows 7 怎么补安装到电脑上的呢? 同学们可以"百度"一下,如图 2-7 所示。

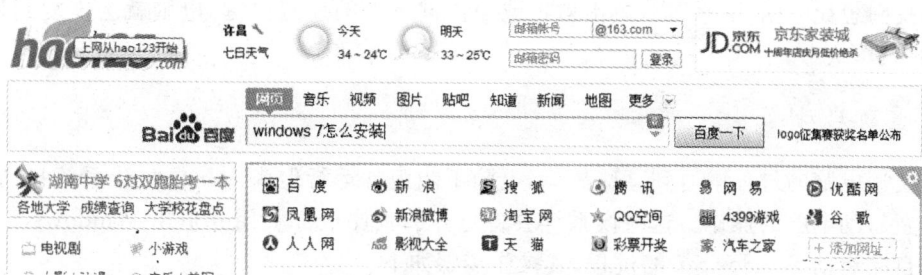

图　2-7

3.进入睡眠

"睡眠"是操作系统的一种节能状态,当我们长时间不使用电脑时,应让计算机处于睡眠状态,就像人睡着时体能消耗处于最低状态一样。

.进入睡眠状态的操作步骤如下:

①单击 Windows 7 工作界面左下角的"开始"按钮,如图 2-5 所示。

②弹出"开始"菜单,单击右下角"关机"按钮右侧的按钮,如图 2-8 所示。

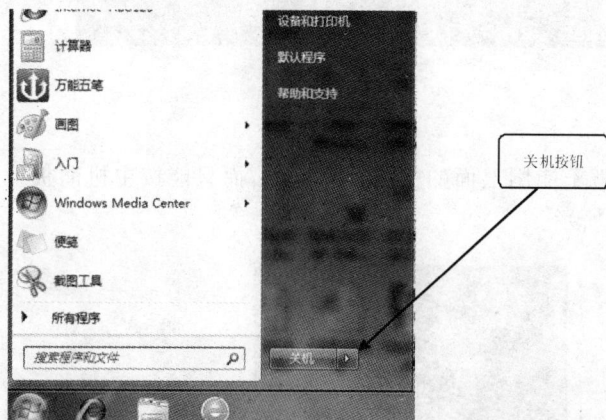

图　2-8

③然后在弹出的菜单列表中选择"睡眠"命令,即可使电脑进入睡眠状态,如图 2-9 所示。

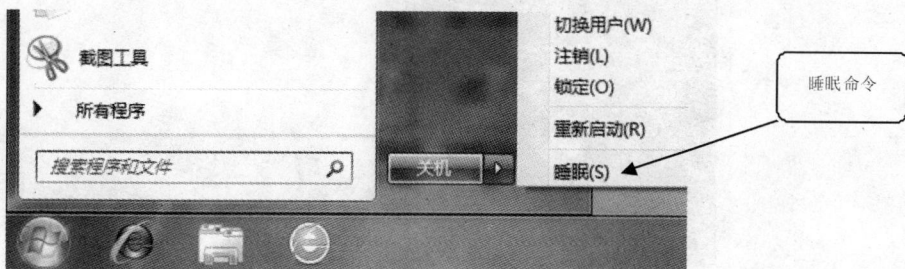

图　2-9

当我们想让电脑"醒来"进,单击鼠标或敲击键盘上的任意按键,电脑就会恢复到进入"睡眠"前的工作状态。

4.重新启动

在使用电脑的过程中遇到某些故障,电脑不能正常运行但尚未死机时让系统自动修复故障并重新启动电脑的操作。这时候系统会将打开的程序全部关闭并退出 Windows 7,然后电脑立即自动启动 Windows 7 的过程,其操作步骤如下:

①单击 Windows 7 工作界面左下角的"开始"按钮。

②在弹出的"开始"菜单中,单击右下角关机按钮右侧的按钮,然后在弹出的菜单列表中选择"重新启动"命令,如图 2-10 所示,即可重新启动系统。

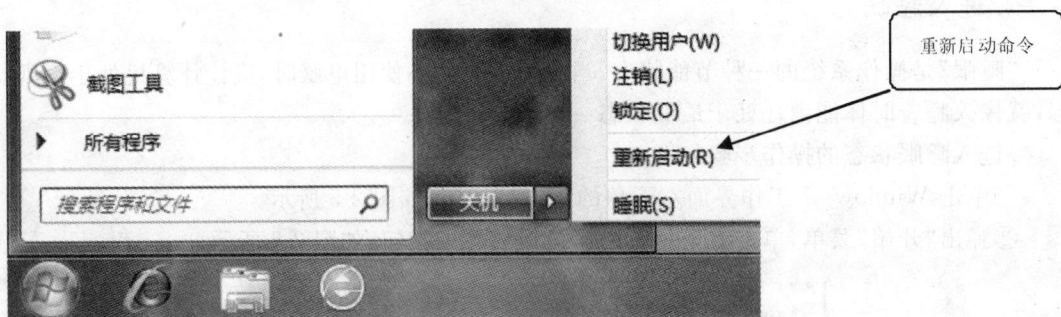

图　2-10

当电脑死机时,就不能用上面的方法重新启动,而只能按主机面板上的重启动按钮(Rest)重新启动,如图 2-11 所示。

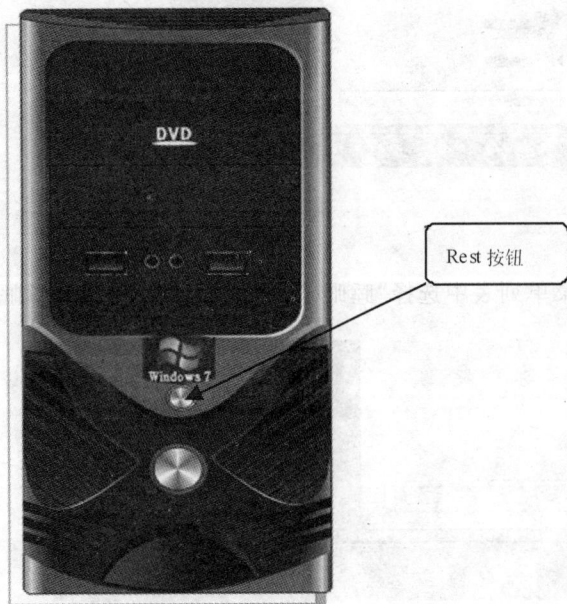

图　2-11

这种重启方法对电脑软件系统会有损害,所以除非电脑死机,一般不用这种方法重新启动。另外,Rest 重启按钮由于机箱不同而位置也不同。

　　小贴士:死机是指电脑无法启动系统,画面"定格"无反应,鼠标、键盘无法输入,软件运行非正常中断等。

5.强行关机

当电脑在启动或使用过程中发生死机现象,而按 Rest 重启键也不起作用时,有一种强行关机的办法,就是长按电脑主机开关直到电脑断电关机。这种办法有可能对电脑软、硬件系统造成较大损害,不到万不得已不要轻易使用,如图 2-12 所示。

图　2-12

子任务 1.2　认识桌面

启动进入 Windows 7 后,出现在屏幕上的整个区域称为"桌面",在 Windows 7 中大部分的操作都是通过桌面完成的。

启动进入 Windows 7 后,出现的桌面如图 2-12 所示,主要包括桌面图标、桌面背景和任务栏及开始菜单。

1.桌面图标

在 Windows 7 操作系统中,所有的文件、文件夹以及应用程序都有形象化的图标表示。在桌面上的图标被称为桌面图标,双击桌面图标可以快速打开相应的文件、文件夹或应用程序。

桌面图标主要包括系统图标和快捷图标两类。其中系统图标是指可进行与系统相关操作的图标;快捷图标指应用程序的快捷启动方式,其主要特征是图标左下角有一个小箭头标识,双击快捷图标可以快速启动相应的应用程序。

①添加桌面图标

I. 添加文件或文件夹图标

右击需要添加的文件或文件夹,在弹出的快捷菜单中选择【发送到】—【桌面快捷方式】菜单命令,如图 2-13 所示。

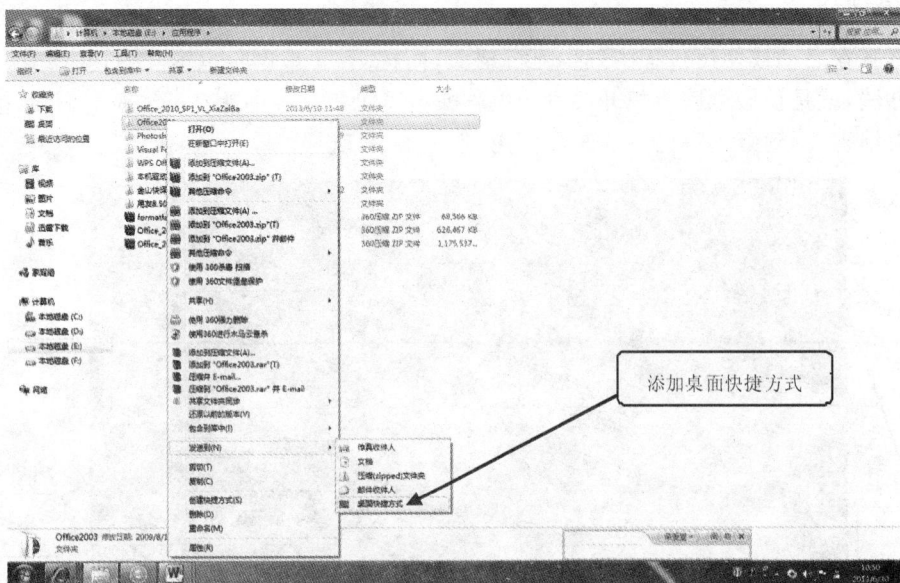

图 2-13

此文件夹图标就添加到桌面了,如图 2-14 所示。

图 2-14

II.添加系统图标

在桌面上空白处右击,在弹出的快捷菜单中选择【个性化】菜单命令,如图 2-15 所示。

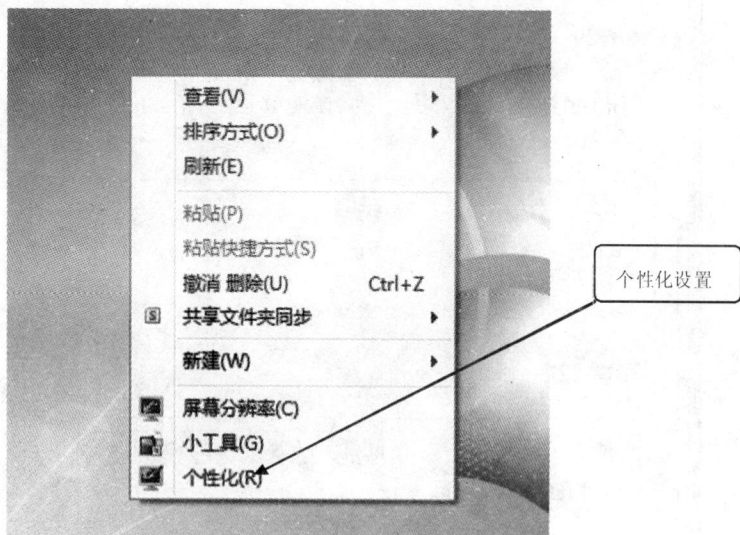

图 2-15

弹出【更改计算机上的视觉效果和声音】窗口,如图 2-16 所示。

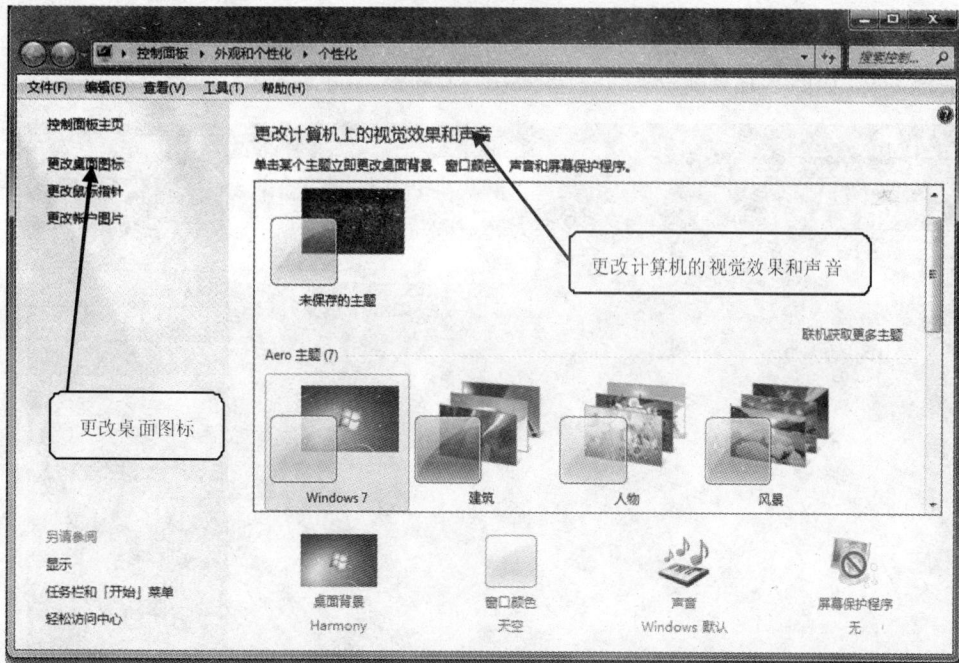

图 2-16

单击左侧窗格中的【更改桌面图标】链接,弹出【桌面图标设置】对话框,如图 2-17 所示。

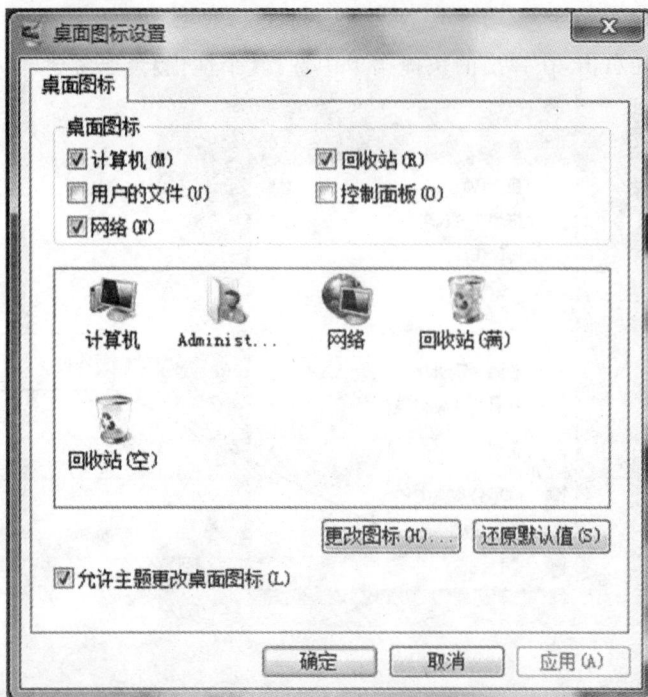

图　2-17

选择相应的图标即可在桌面上添加该图标。例如选择"控制面板"后,桌面就会显示"控制面板"快捷图标,如图 2-18 所示。

图　2-18

III. 添加应用程序桌面图标

单击【开始】-【所有程序】-【附件】，显示附件的内容，如图 2-19 所示。

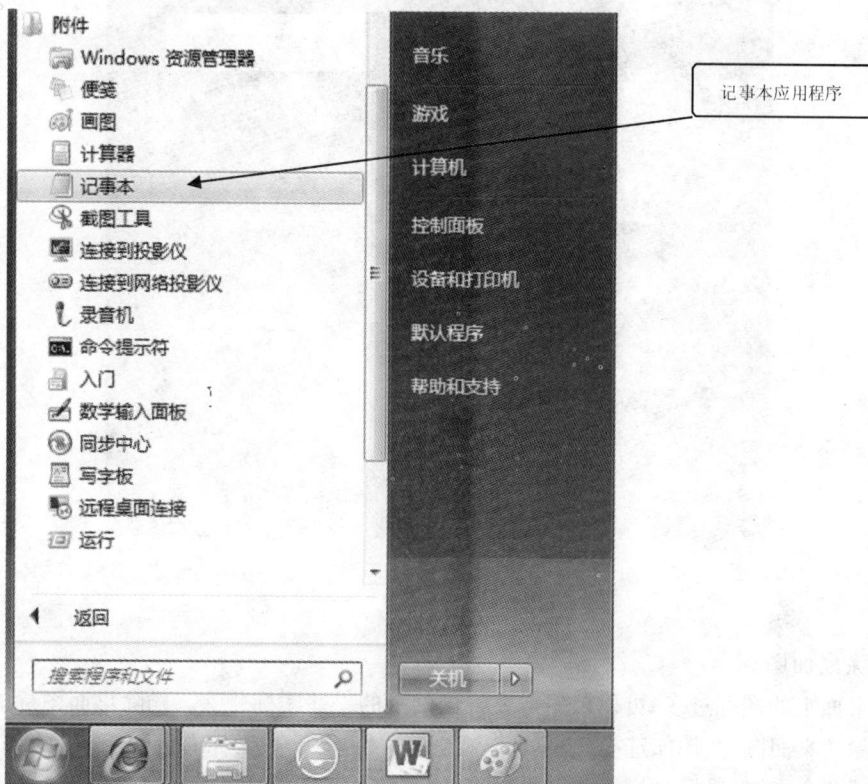

图　2-19

选择程序列表中的【记事本】选项右击，在弹出的快捷菜单中选择【发送到】-【桌面快捷方式】菜单命令，即完成程序快捷方式创建，如图 2-20 所示。

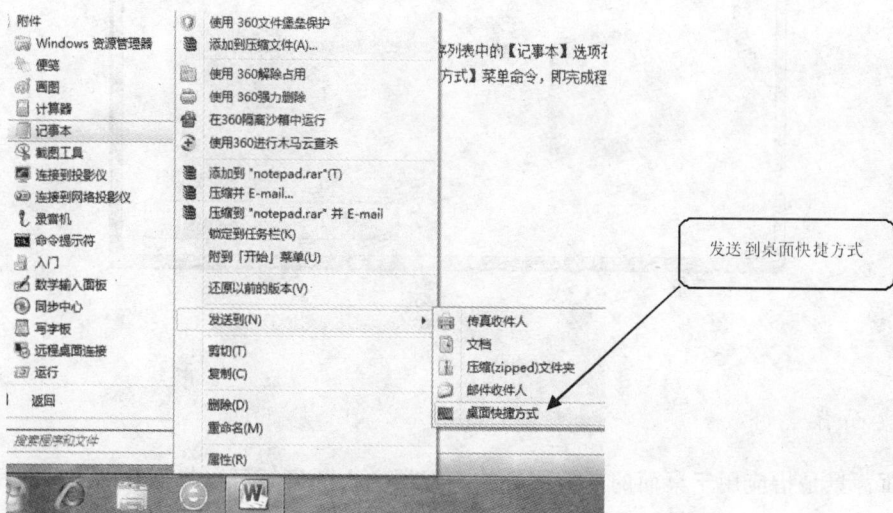

图　2-20

返回到桌面,可以看到桌面上已经添加了一个【记事本】的快捷图标,如图 2-21 所示。

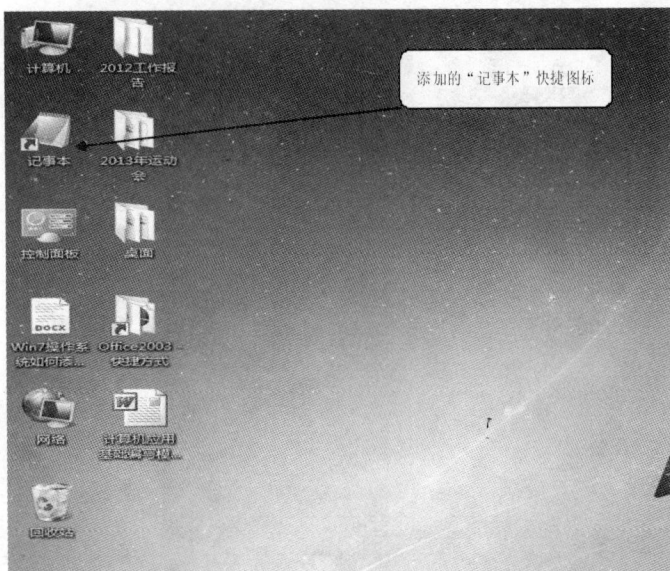

图　2-21

②删除桌面图标

如果桌面上的图标过多,可以根据需要将桌面上的一些图标删除。删除桌面图标的方法是:选择需删除的桌面图标,例如选择"记事本",在"记事本"上单击鼠标右键,在弹出的快捷菜单中选择"删除"命令,或将鼠标光标移到需要删除的"记事本"桌面图标上,按住鼠标左键不放,将该图标拖动至"回收站"图标上,当出现"删除快捷方式"字样时单击"是"按钮,如图 2-22 所示。

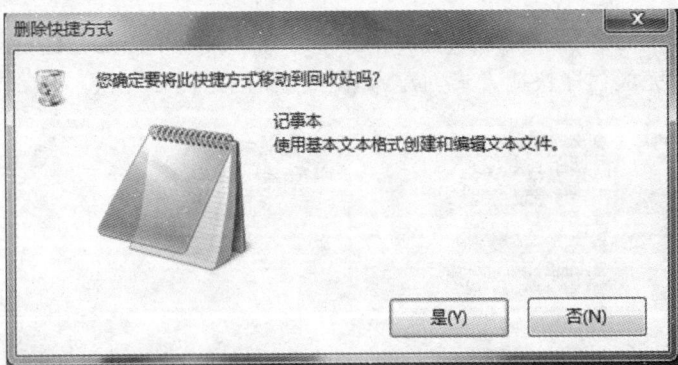

图　2-22

2.桌面背景

桌面背景是指应用于桌面的图片或颜色。根据个人的喜好可以将喜欢的图片或颜色设置为桌面背景,丰富桌面内容,美化工作环境。在 Windows 7 中提供了很多自带的图片,或者是把自己喜欢的照片设为桌面效果。

　　方法是：在桌面空白处右击鼠标，然后"个性化"－"更改计算机上的视觉和声音"－"Aero主题"，通过进一步的操作更改桌面背景，让我们使用计算机过程中感觉更清新悦目，如图2-23所示。

图　2-23

3.任务栏

　　任务栏主要包括"开始"按钮、快速启动区、语言栏、系统提示区与"显示桌面"按钮等部分，如图 2-24 所示。默认状态下任务栏位于桌面的最下方。

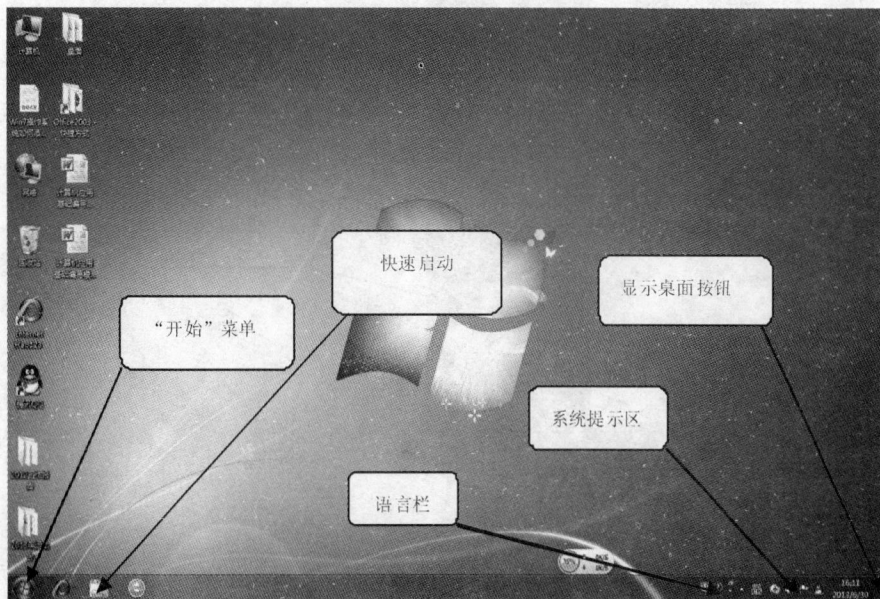

图　2-24

任务栏各个组成部分的作用介绍如下：

"开始"按钮：单击该按钮会弹出"开始"菜单，将显示 Windows 7 中各种程序选项，单击其中的任意选项可启动对应的系统程序或应用程序。

快速启动区：用于显示当前打开程序窗口的对应图标，使用该图标可以进行还原窗口到桌面、切换和关闭窗口等操作，用鼠标拖动这些图标可以改变它们的排列顺序。

语言栏：当输入文本内容时，在语言栏中进行选择和设置输入法等操作。

系统提示区：用于显示"系统音量"、"网络"以及"操作中心"等一些正在运行的应用程序的图标，单击其中的按钮可以看到被隐藏的其他活动图标。

"显示桌面"按钮：单击该按钮可以在当前打开的窗口与桌面之间进行切换。、

4.使用"开始"菜单

Windows 7 的"开始"菜单采用具有 Windows 标志的圆形按钮。它在原有的基础上做了很大的改进，使用起来非常方便。

①认识"开始"菜单

单击"开始"按钮，弹出"开始"菜单，如图 2-25 所示。其中，"最近使用的程序"栏中列出了常用的程序列表，通过它可快速启动常用的程序。

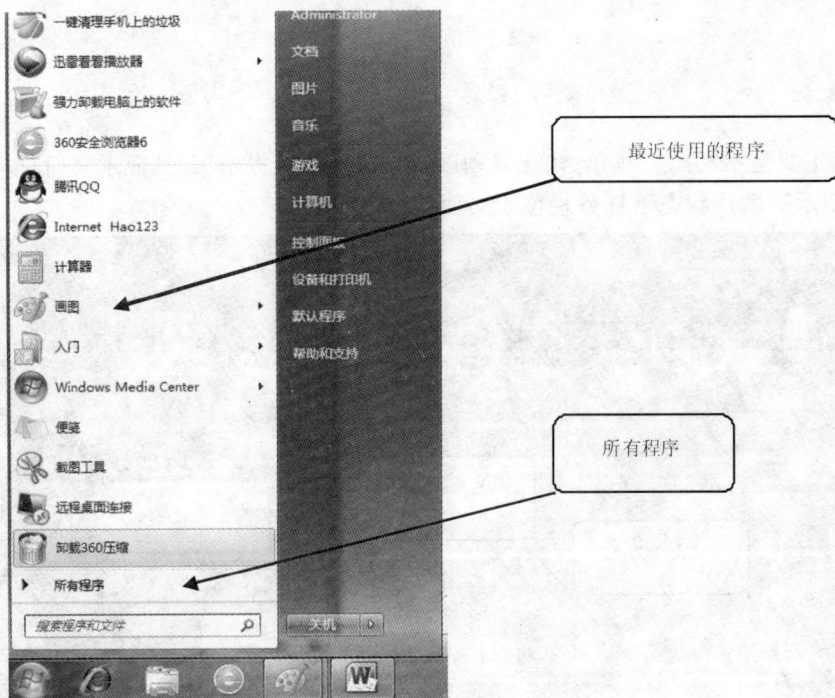

图　2-25

②使用"所有程序"菜单

"所有程序"菜单集合了电脑中所有程序，使用 Windows 7 的"所有程序"可使用所有电脑中安装过的程序，这也是使用电脑的主要渠道，如图 2-26 所示。

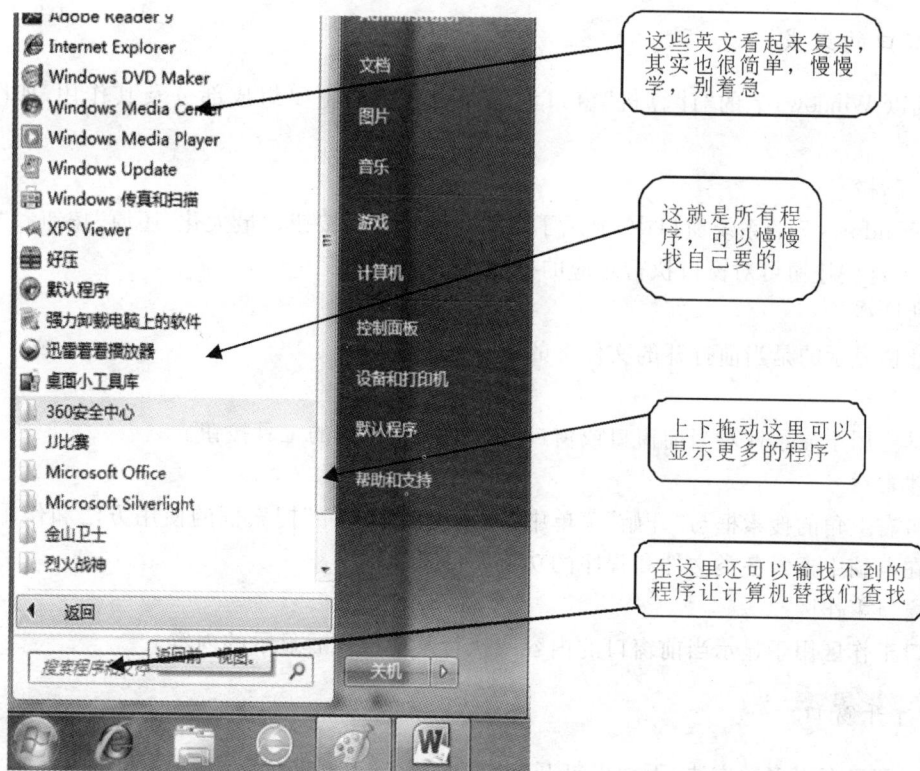

图　2-26

子任务 1.3　操作窗口

窗口是 Windows 操作系统的用户界面中最重要的部分。它是屏幕上与一个应用程序相对应的矩形区域,是用户与计算交流的主要渠道。由于窗口对应的程序不同,窗口也有差别,但其组成部分大致相同。如图 2-27 所示是 Windows 7 系统的"计算机"程序的窗口。

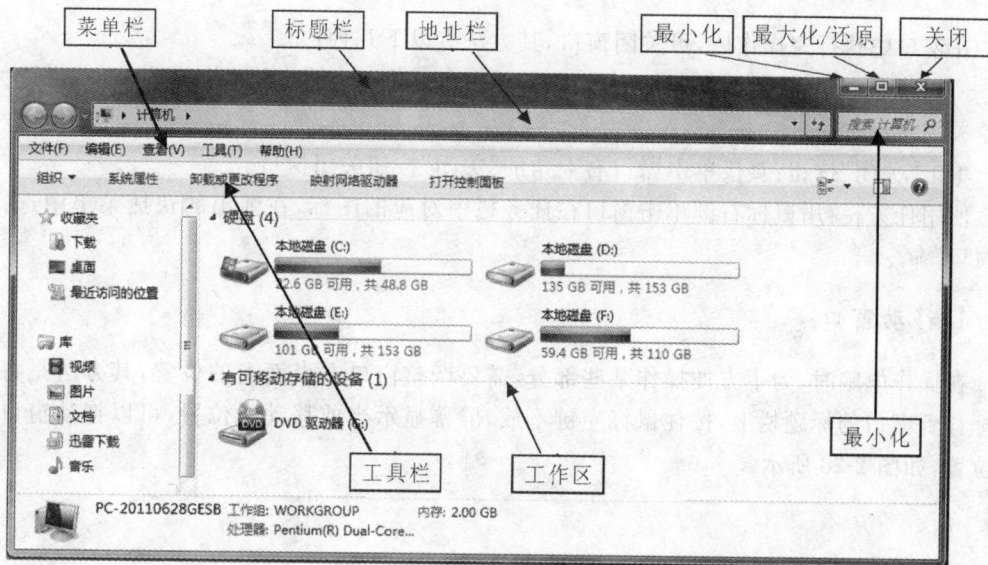

图　2-27

1.窗口的组成

下面以 Windows 7 的"计算机"窗口为例介绍窗口的主要组成部分及其作用,如图 2-27 所示。

①标题栏

在 Windows 7 的系统窗口中,显示了窗口的"最小化"按钮、"最大化/还原"按钮和"关闭"按钮,单击这些按钮可对窗口执行相应的操作。

②地址栏

地址栏显示的是当前打开的文件夹的路径。

③工具栏

工具栏用于显示针对当前窗口或窗口内容的一些常用的工具按钮。

④搜索栏

窗口右上角的搜索框与"开始"菜单中"搜索程序和文件"搜索框的使用方法和作用相同,都具有在电脑中搜索各类文件和程序的功能。

⑤窗口工作区

窗口工作区用于显示当前窗口的内容或执行某项操作后显示的内容。

2.打开窗口

打开窗口有很多种方法,下面以打开"计算机"窗口为例进行介绍。

双击桌面图标:在"计算机"图标上双击鼠标左键即可打开该图标对应的窗口。

通过快捷菜单命令:将鼠标光标移到"计算机"图标上,单击鼠标右键,在弹出的快捷菜单中选择"打开"命令。

通过"开始"菜单:单击"开始"按钮,弹出"开始"菜单,选择系统控制区的"计算机"命令。

3.关闭窗口

在窗口中执行完操作后,可关闭窗口,其方法有以下几种:

使用菜单命令:将鼠标光标移到标题栏,单击鼠标右键,在弹出的快捷菜单中选择"关闭"命令关闭窗口。

单击"关闭"按钮:直接单击窗口右上角的"关闭"按钮关闭窗口。

使用任务栏:用鼠标右键单击窗口在任务栏中对应的图标,在弹出的快捷菜单中选择"关闭窗口"命令。

4.移动窗口

在操作电脑时,为了方便操作某些部分,需要调整窗口在桌面上的位置,其方法是将鼠标光标移到窗口的标题栏上,按住鼠标左键不放,屏幕显示当前移动的位置,可以拖动窗口到任意位置,如图 2-28 所示。

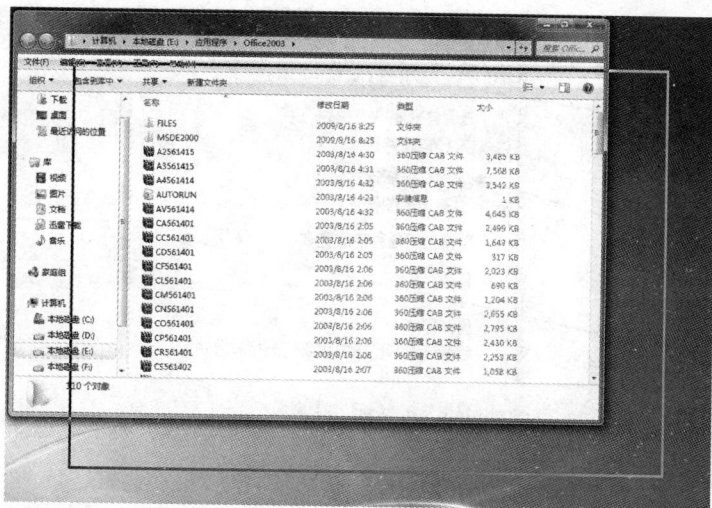

图 2-28

5.排列窗口

Windows 7 可以对窗口进行不同的排列,方便用户对窗口进行操作和查看。其方法是在任务栏的空白处单击鼠标右键,在弹出的快捷菜单中选择"层叠窗口"、"堆叠显示窗口"或"并排显示窗口"命令即可,如图 2-29 所示。

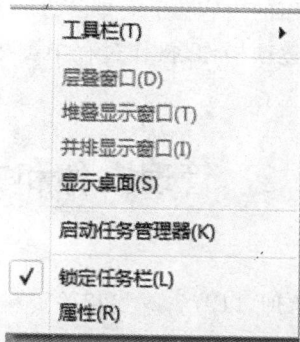

图 2-29

子任务 1.4 使用对话框

在 Windows 7 操作系统中,对话框是用户和电脑进行交流的中间桥梁。用户通过对话框的提示和说明,可以进行进一步操作。例如在任务栏空白处单击鼠标右键,在弹出的菜单中选择"属性",即可打开"任务栏和开始菜单"对话框,如图 2-30 所示。

一般情况下,对话框中包含各种各样的选项,下面以"任务栏和开始菜单"为例具体说明几个主要的选项如下:

①选项卡:选项卡多用于对一些比较复杂的对话框分为多页,实现页面的切换操作。

②复选框:可以选择多个选项。

③下拉列表框:单击对应按钮,将显示出所有的选项。

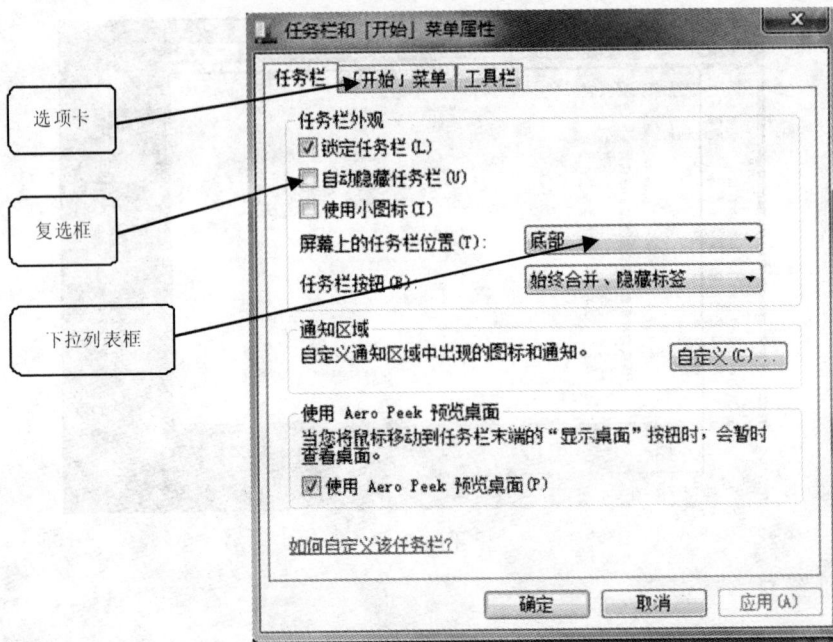

图　2-30

④文本框:文本框可以让用户输入和修改文本信息。

⑤单选按钮:只能选择其中一面的内容。

任务检验:让学生按任务内容逐项操作,操作过程中可相互讨论、相互学习提高,最终达到熟练操作。

任务2　管理文件和文件

任务目的

熟练地对文件和文件夹分类整理,以节省查找相关资料的时间、提高工作效率。

任务内容

分类整理文件和文件夹,包括"新建"、"选择"、"重命名"、"复制"、"移动"、"删除"和"恢复"等,并根据需要设置文件和文件夹的属性、文件夹图标及隐藏文件和文件夹。

任务内容有3个子任务:

子任务2.1　认识磁盘、文件和文件夹

子任务2.2　文件和文件夹操作

子任务2.3　文件和文件夹设置

任务实施

子任务2.1　认识磁盘、文件和文件夹

电脑中的资源通常是以文件形式保存在电脑的磁盘中。为方便文件的使用和保存,通常会在磁盘中建立文件夹,将性质相同的文件保存在一个文件夹中。

1.磁盘

磁盘通常是指硬盘划分出的分区,用于存放电脑中的各种资源。磁盘的盘符通常由磁盘图标、磁盘名称和磁盘使用的信息组成,用大写的英文字母后面加一个冒号来表示,如 D:,可以简称为 D 盘。磁盘的管理通常在"计算机"中进行,如图 2-31 所示。本机共有 C 盘、D 盘、E盘和 F 盘四个磁盘,如图 2-31 所示。

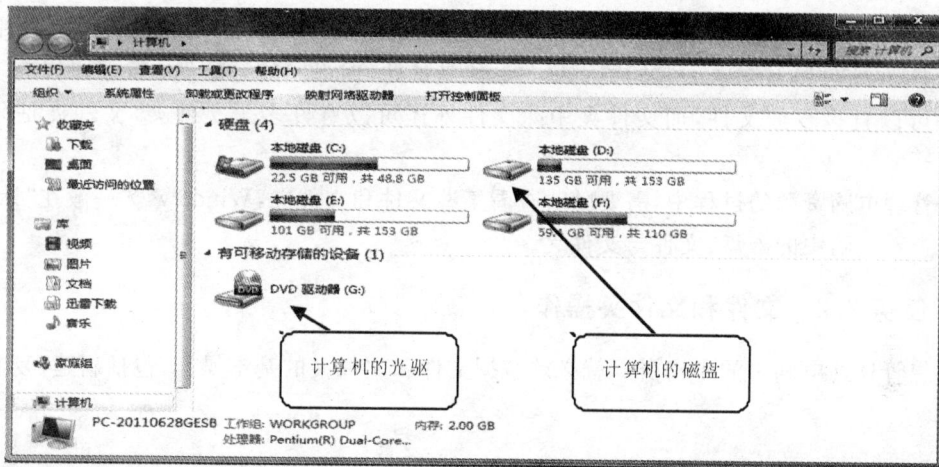

图　2-31

2.文件与文件夹

文件可以存放在文件夹中,而文件夹不能存放在文件中,下面将分别介绍文件和文件夹的相关知识。

①文件

保存在电脑中的各种信息和数据都被统称为文件,如一张照片、一个报告、一个应用程序、一首歌曲或一部电影等。打开磁盘中的文件,用"详细列表"显示时,如图 2-32 所示。

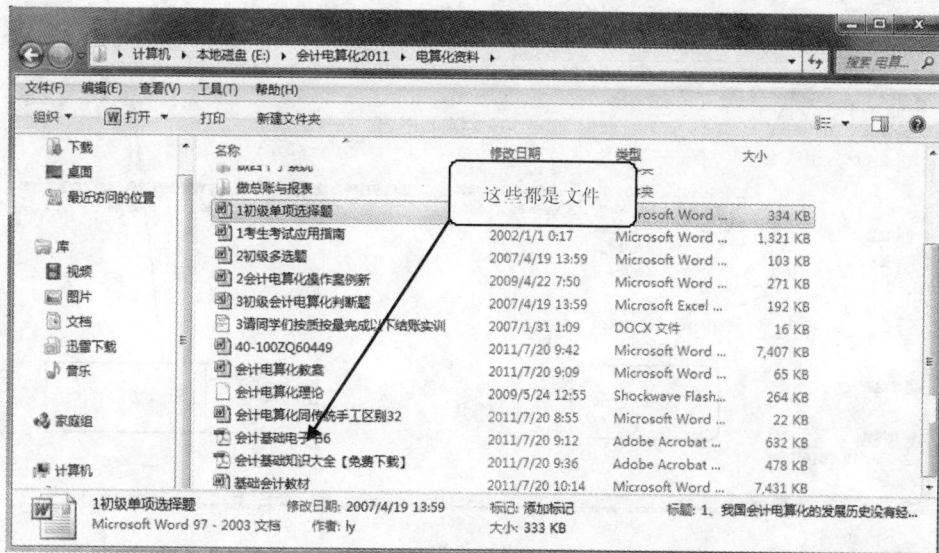

图　2-32

Drivers

图　2-33

②文件夹

文件夹用于存放和管理电脑中的文件,是为了更好地管理文件而设计的。通过将不同的文件归类存放到相应的文件夹中,可以快速找到所需的文件。文件夹通常以形象的文件夹形式显示,如图2-33所示。

3.磁盘、文件与文件夹之间的关系

如果把电脑比成图书馆,那么磁盘就是各个图书室,而文件夹就是图书室中的各排书架,文件则是图书。它们的大概关系便是如此,但不同的是磁盘中除了可以有多个文件夹外可以直接存放文件,而文件夹中除文件外还可以有许多子文件夹,文件夹是分层管理的。

在管理电脑资源的过程中,需要随时查看某些文件和文件夹,Windows 7一般在"计算机"窗口中查看电脑中的磁盘、文件与文件夹。

子任务 2.2　文件和文件夹操作

要想管理好电脑中的丰富资源就必须掌握文件和文件夹的基本操作,包括新建、复制和移动等。

1.设置文件与文件夹显示方式

Windows 7提供了图标、列表、详细信息、平铺和内容五种类型的显示方式。只需单击窗口工具栏中"更改您的视图"的按钮,在弹出的菜单中选择相应的命令,即可应用相应的显示方式显示相关内容,也可在查看菜单中选择相应显示方式。

①图标显示方式:将文件夹所包含的图像显示在文件夹图标上,可以快速识别该文件夹的内容,常用于文件夹中。包括超大图标、大图标、中等图标和小图标四种图标显示方式,如图2-34所示为中等图标方式显示。

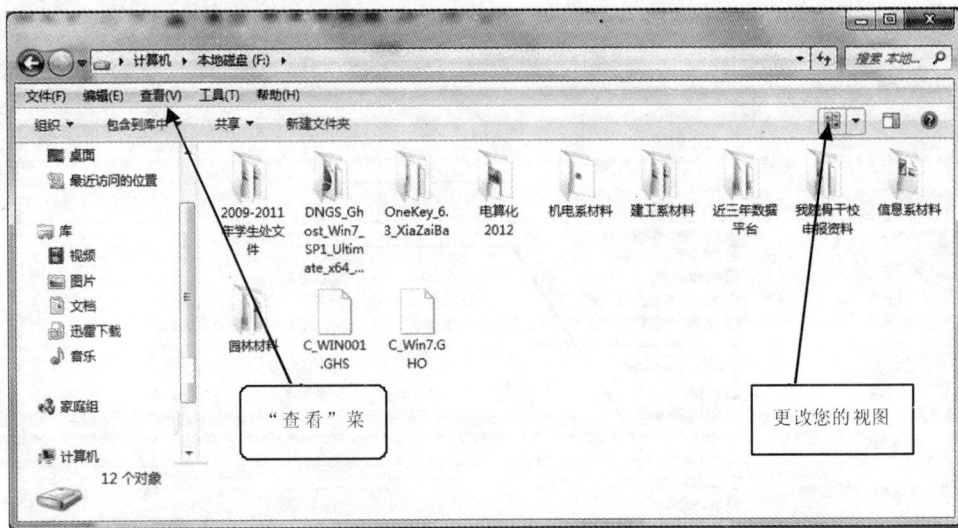

图　2-34

②列表显示方式：将文件与文件夹通过列表显示其内容，如图 2-35 所示。

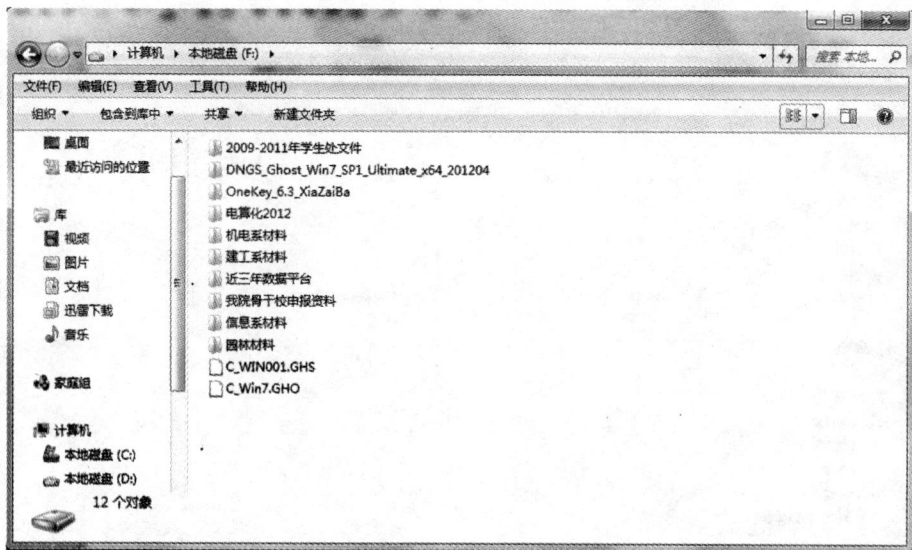

图　2-35

③详细信息显示方式：显示相关文件或文件夹的详细信息，包括名称、类型、大小和日期等，如图 2-36 所示。

图　2-36

④平铺显示方式：以图标加文件信息的方式显示文件或文件夹，是查看文件或文件夹的常用方式，如图 2-37 所示。

⑤内容显示方式：将文件的创建日期、修改日期和大小等内容显示出来，方便进行查看和选择，如图 2-38 所示。

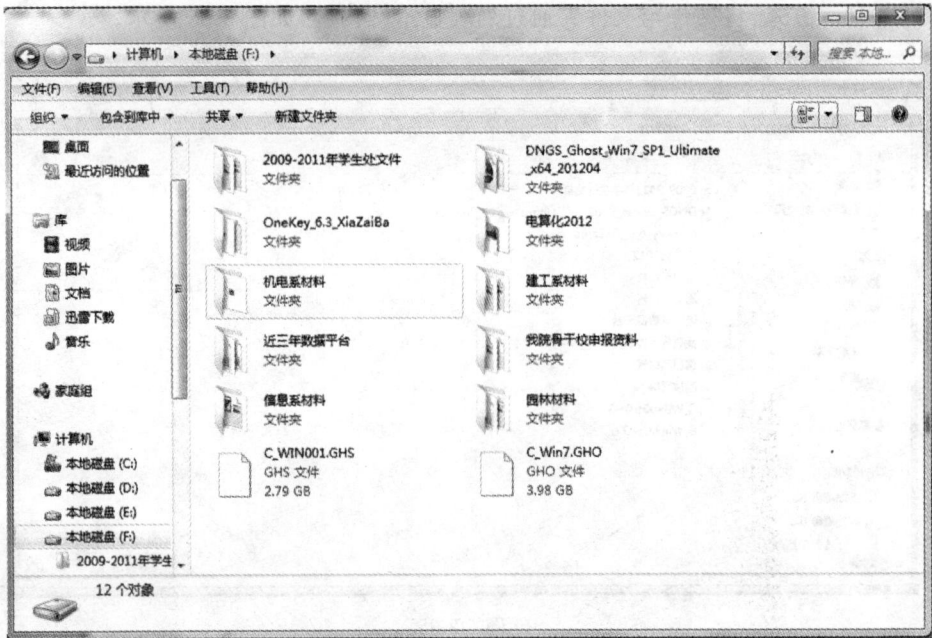

图　2-37

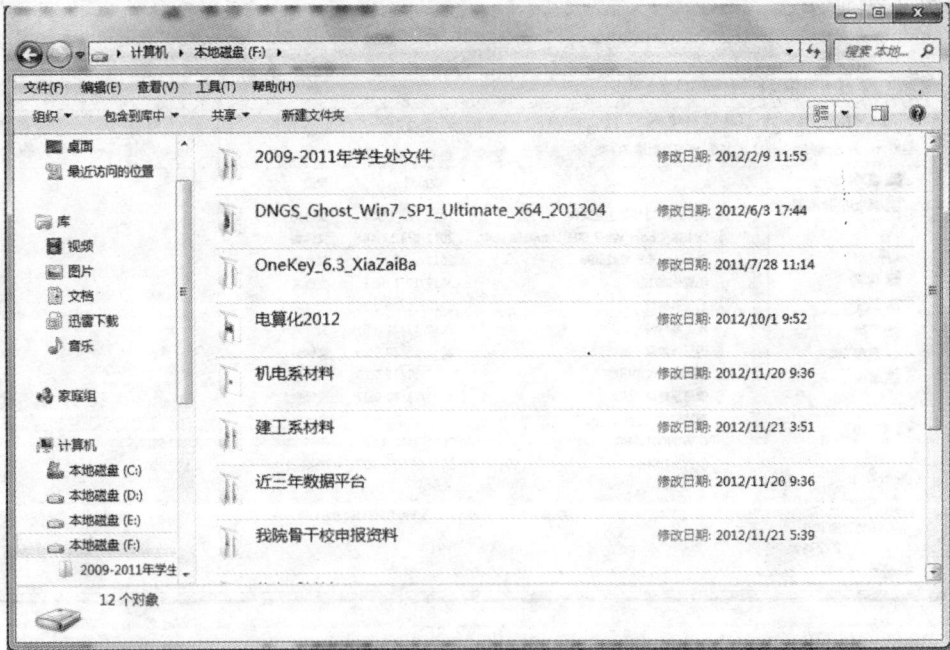

图　2-38

2.新建文件与文件夹

在电脑中写入资料或存储文件时需要新建文件或文件夹,在 Windows 7 的相关窗口中通过快捷菜单命令可以快速完成新建任务。下面将在计算机的 D 盘新建一个名为"会议"的文

件夹,其操作步骤如下:

打开 F 盘,在窗口空白处单击鼠标右键,在弹出的快捷菜单中选择"新建－文件夹"命令,如图 2-39 所示。

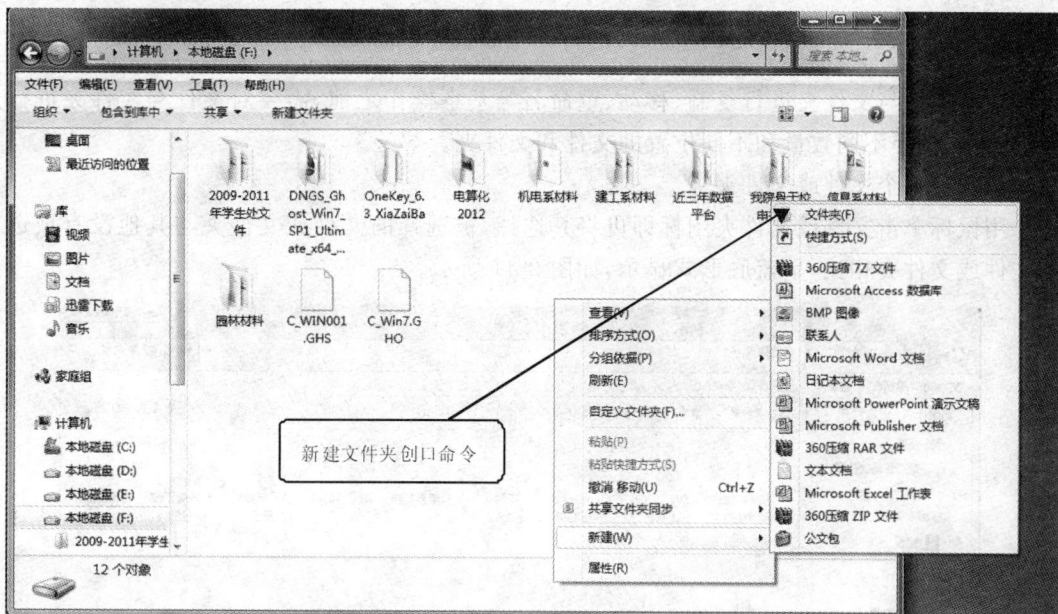

图 2-39

此时,窗口中新建文件夹的名称文本框处于可编辑状态,输入"会议",按 Enter 键完成新建,如图 2-40 所示。

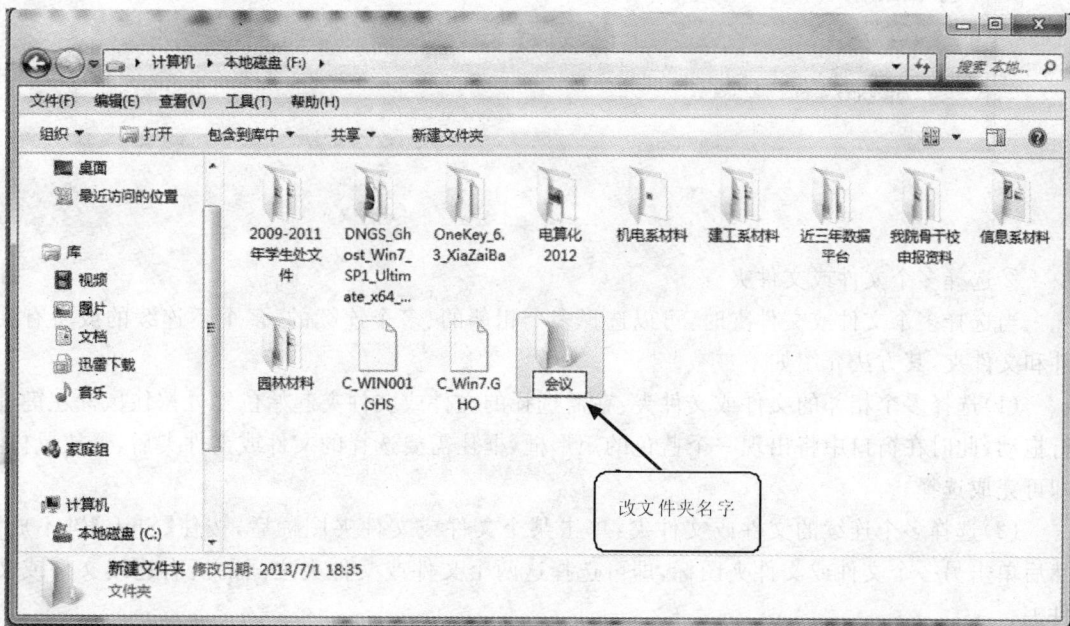

图 2-40

　　新建文件的操作与新建文件夹的操作相同,在需新建文件的窗口空白处单击鼠标右键,在弹出的快捷菜单中选择"新建"命令,然后在弹出的子菜单中选择新建文件类型对应的命令即可。

3.选择文件与文件夹

　　在对文件与文件夹进行复制、移动、重命名等基本操作之前,需要对文件与文件夹进行选择,且可以选择不同数量和不同位置的文件和文件夹。

　　①选择单个文件或文件夹

　　用鼠标单击文件或文件夹图标即可将其选择,被选择的文件或文件夹与其他没有被选中的文件或文件夹相比,呈蓝底形式显示,如图 2-41 所示。

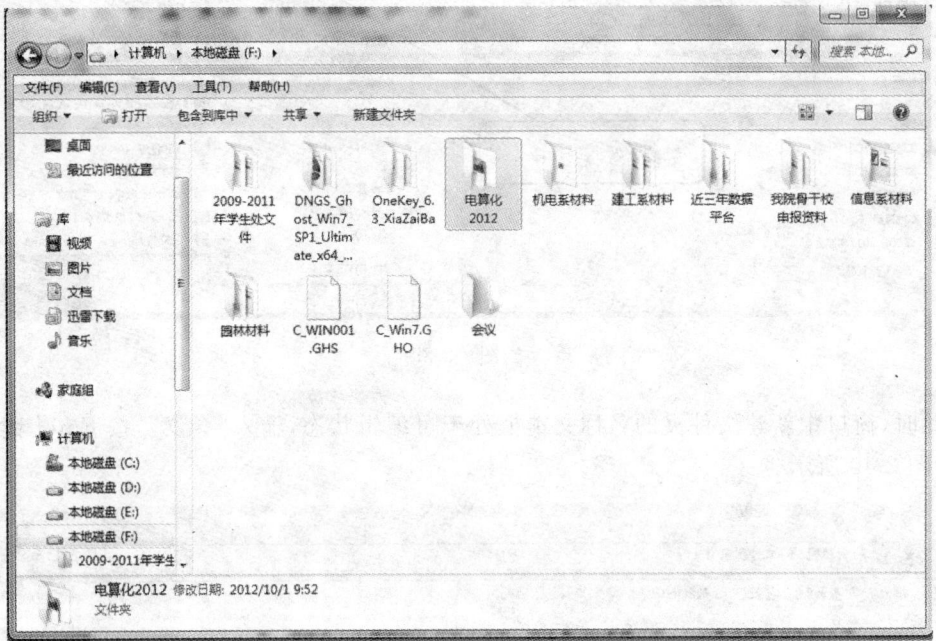

图　2-41

　　②选择多个文件或文件夹

　　当选择多个文件或文件夹时,可以选择多个相邻的、多个连续的、多个不连续的或所有文件和文件夹,其方法介绍如下:

　　(1)选择多个相邻的文件或文件夹:在需选择的文件或文件夹起始位置处按住鼠标左键进行拖动,此时在窗口中将出现一个蓝色的矩形框,框住需要选择的文件或文件夹后,释放鼠标,即可完成选择。

　　(2)选择多个连续的文件或文件夹:单击某个文件或文件夹图标后,按住【Shift】键不放,然后单击另一个文件或文件夹图标,即可选择这两个文件或文件夹之间的所有连续文件或文件夹。

　　(3)选择多个不连续的文件或文件夹:按住【Ctrl】键不放,一次单击需要选择的文件或文件夹即可选择多个不连续的文件或文件夹,如图 2-42 所示。

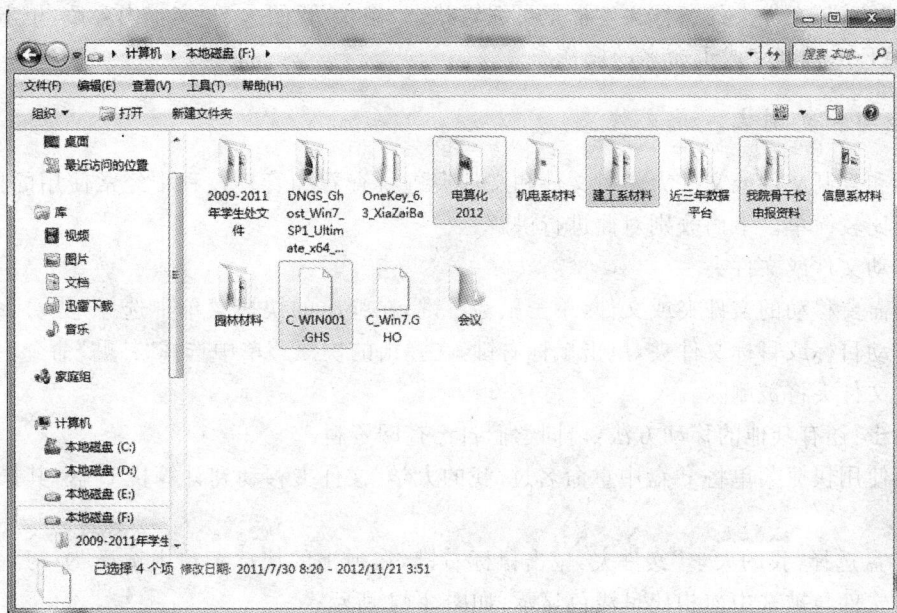

图　2-42

（4）选择所有文件或文件夹：在打开的窗口中单击工具栏中的按钮，然后在弹出的菜单中选择"全选"命令或者按【Ctrl＋A】键，即可选择该窗口中的所有文件或文件夹。

4.重命名文件或文件夹

为了便于对文件或文件夹进行管理和查找更好地体现其内容，可以对文件或文件夹进行重命名。下面将名为"会议"的文件夹重命名为"我的大学"，其操作步骤如下：

通过文件夹窗格打开计算机 F 盘，在"会议"文件夹上单击鼠标右键，在弹出的快捷菜单中选择"重命名"命令，如图 2-43 所示。

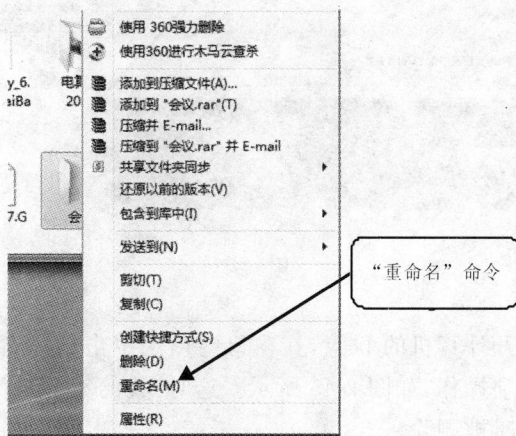

图　2-43

此时"会议"文件夹的名称文本框呈可编辑状态,输入"我的大学"文本内容后,单击窗口空白处或按【Enter】键完成重命名的操作。

5.移动和复制文件或文件夹

移动和复制文件或文件夹是对文件和文件夹进行查看和管理过程中经常使用的操作,其使用方法比较简单。下面分别对此进行讲解。

①移动文件或文件夹

选择需要移动的文件夹或文件,单击鼠标右键,在弹出的快捷菜单中选择"剪切"命令,然后打开移动目标或目标文件夹,单击鼠标右键,在弹出的快捷菜单中选择"粘贴"命令。移动后原文件或文件夹将被删除。

小贴士:还有其他的移动方法,请同学们自己查阅资料。

下面使用快捷菜单将 F 盘中重命名过"我的大学"文件夹移动到计算机 D 盘,其操作步骤如下:

在 F 盘选择"我的大学"文件夹,单击鼠标右键,在弹出的快捷菜单中选择"剪切"命令,被剪切后的文件与被选中前相比呈浅色显示,如图 2-44 所示。

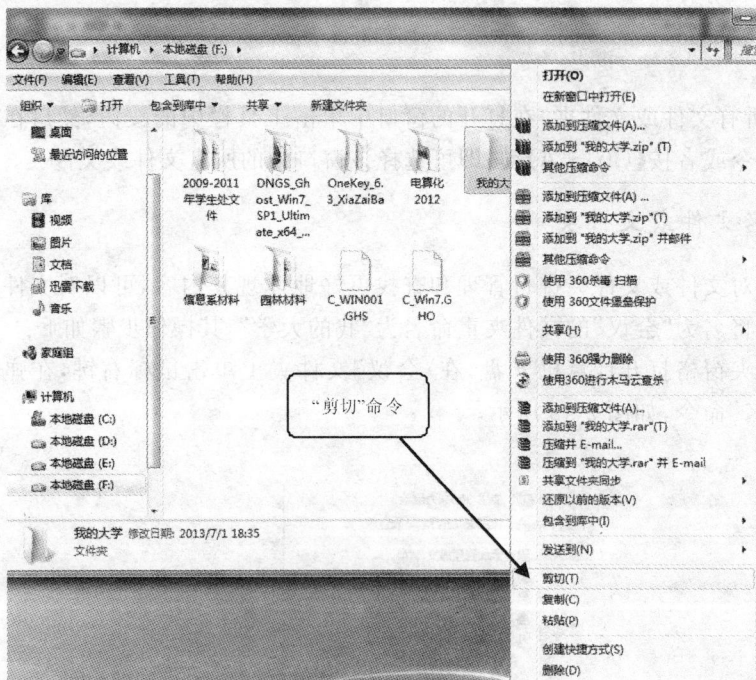

图 2-44

然后通过地址栏打开计算机的 D 盘,在窗口空白区单击鼠标右键,在弹出的快捷菜单中选择"粘贴"命令完成此项操作,如图 2-45 所示。这时"我的大学"就会被复制到 D 盘,而 F 盘中"我的大学"文件夹同时被删除。

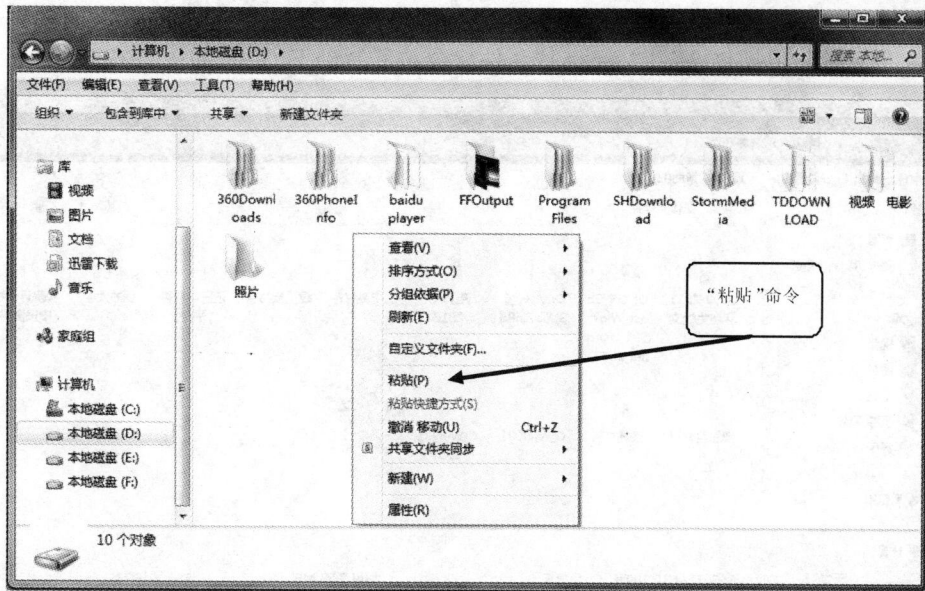

图 2-45

（2）复制文件或文件夹

复制文件或文件夹是指对原来的文件或文件夹不作任何改变，重新生成一个完全相同的文件或文件夹。

下面将 D 盘中的照片文件"天安门"复制到 E 盘中，其操作步骤如下：

双击桌面"计算机"图标，打开 D 盘，在照片"天安门"单击鼠标右键，然后再弹出的菜单中选择"复制"命令，如图 2-46 所示。

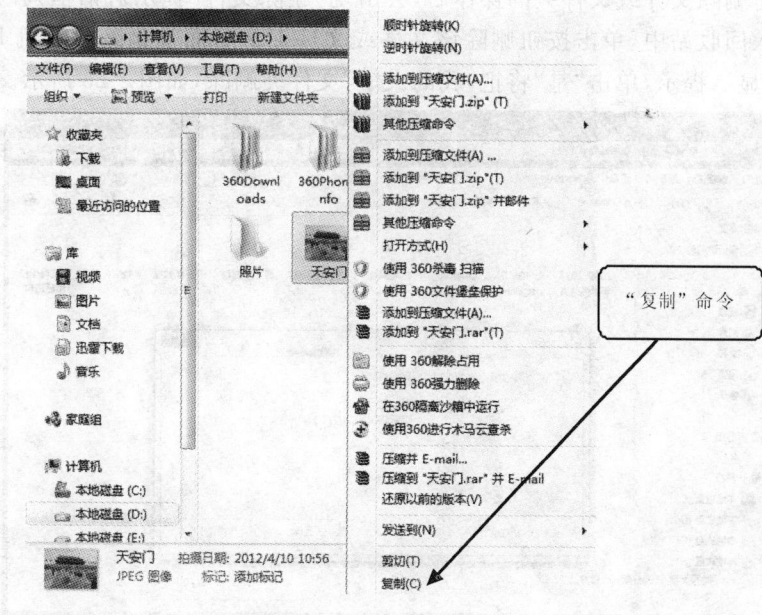

图 2-46

通过地址栏打开计算机 F 盘的窗口,在空白处单击鼠标右键,然后在弹出的菜单中选择"粘贴"命令完成此项操作,照片"天安门"文件就会被复制到 F 盘中,如图 2-47 所示。

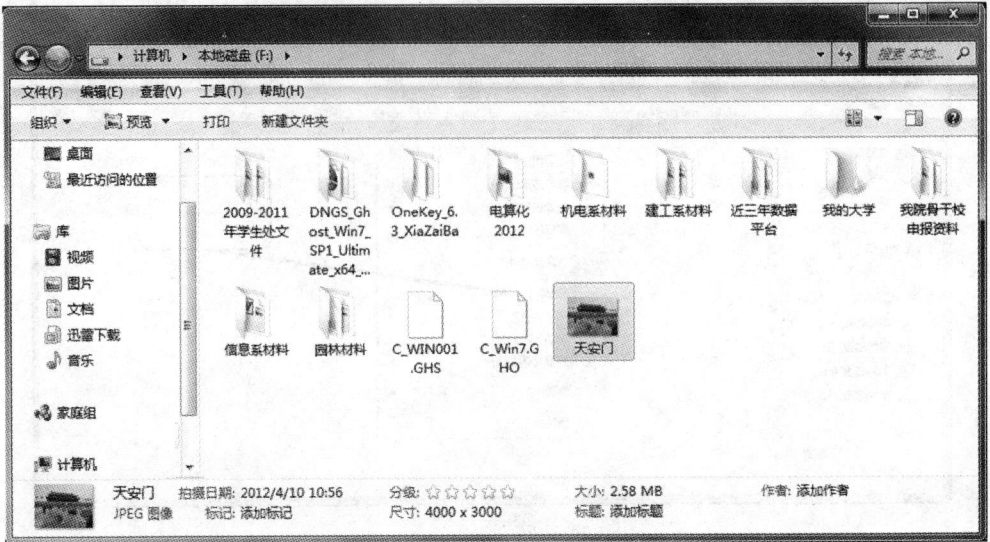

图 2-47

6. 删除文件或文件夹

当磁盘中存在重复的或者不需要的文件或文件夹影响了对电脑的各种操作时,可删除文件或文件夹,其方法有:

①选择需删除的文件或文件夹,按【Delete】键。

②选择需删除的文件或文件夹,单击鼠标右键,在弹出的快捷菜单中选择"删除"命令。

在执行以上删除文件或文件夹的操作后,会出现"删除文件"提示对话框询问是否将该文件或文件夹放入回收站中,单击按钮删除该文件或文件夹。下面是删除计算机 D 盘中"我的大学"文件夹所显示提示,单击"是"将把"我的大学"文件夹删除,如图 2-28 所示。

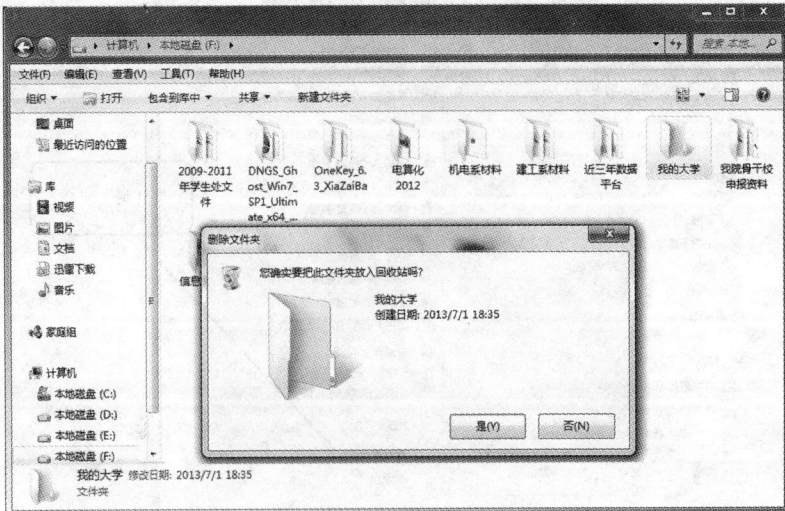

图 2-48

7.搜索文件或文件夹

当忘记了文件或文件夹的保存位置或记不清楚文件或文件夹的全名时,使用 Windows 7 的搜索功能便可快速查找到所需的文件或文件夹,并且此操作非常简单和方便,只需在"搜索"文本框中输入需要查找文件或文件夹的名称或该名称的部分内容,系统就会根据输入的内容自动进行搜索,搜索完成后将在打开的窗口中显示搜索到全部内容。

下面将搜索在"计算机"窗口中与"花"相关的文件或文件夹,其操作如下:

双击"计算机"图标,打开"计算机"窗口,单击工具栏中的"搜索"按钮。在"搜索"文本框中输入"花",系统自动进行搜索,搜索完成后,该窗口中将显示所有与"花"有关的文件或文件夹,如图 2-49 所示。

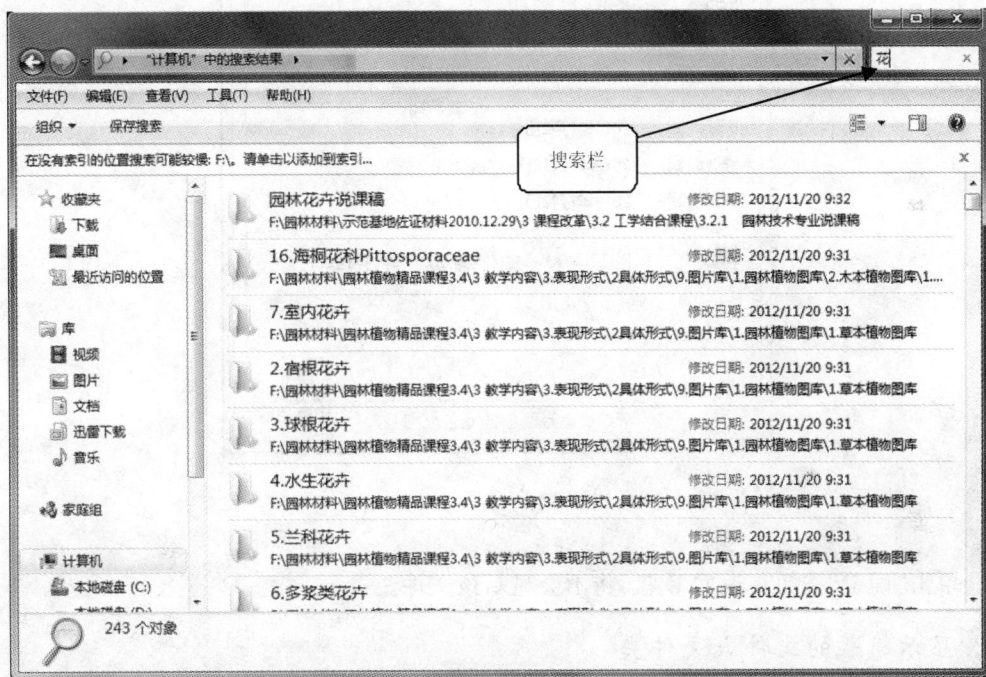

图　2-49

子任务 2.3　文件与文件夹设置

在对电脑中的文件和文件夹等资源进行管理时,还可对文件和文件夹进行各种设置,包括设置文件或文件夹的属性、显示隐藏的文件或文件夹等。

1.设置文件与文件夹的属性

如果需要某个文件或文件夹只能被打开查看,但是内容不能被修改,或者需要将某些文件或文件夹隐藏起来,就可以对其属性进行相应的设置。下面将照片"天安门"文件的属性设置为只读和隐藏形式,其操作步骤如下:

①通过文件夹窗格打开计算机的 D 盘,在"天安门"文件上单击鼠标右键,在弹出的快捷

菜单中选择"属性"命令。

　　②打开"属性"对话框,在"常规"选项卡的"属性"栏中选择"只读"和"隐藏"复选框,单击按钮,如图 2-50 所示

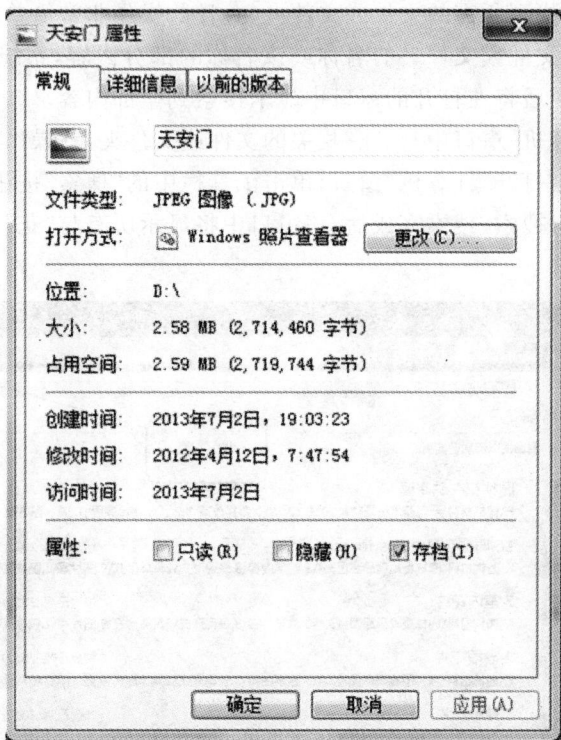

图　2-50

　　③单击"确定"按钮。返回 D 盘,将不会显示该文件。

2.显示隐藏的文件或文件夹

　　隐藏文件夹或文件后,如果需要重新对其进行查看,可以通过对"文件夹选项"对话框进行设置将其再次显示出来。下面将显示计算机 D 盘中已被隐藏的"天安门"文件,其操作步骤如下:打开 D 盘,选择菜单中的"工具-文件夹"选项,打开"文件夹选项"对话框,选择"查看"选项卡,在"高级设置"列表框中选中"显示隐藏的文件、文件夹和驱动器"单击按钮,如图 2-51 所示。

　　任务检验:让学生在电脑上自己建立文件夹或指定文件或文件夹进行复制、移动、删除、设置属性等操作。

　　小贴士:提醒学生,电脑上的文件和文件夹不能随意删除,否则会对 Windows 7 系统发生损害或对用户数据产生损失。

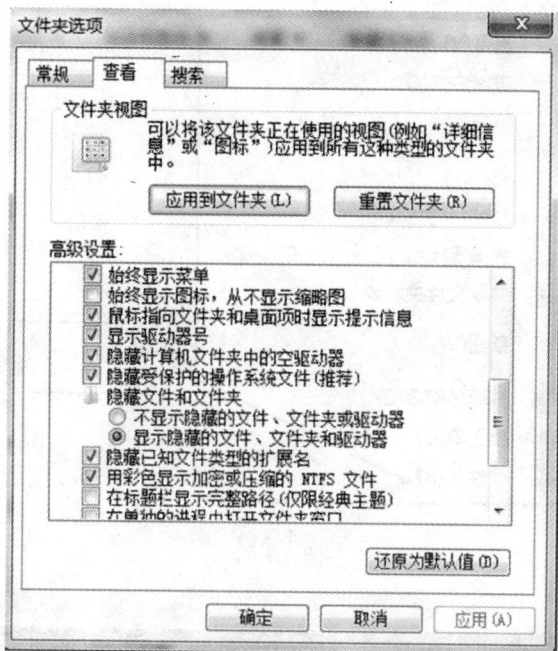

图　2-51

任务 3　个性化设置

任务目的

通过对电脑的个性化设置让自己的电脑操作更方便,显示更美观和个性。

任务内容

通过更改计算机上的视觉效果和声音、更改桌面图标、更改鼠标指针、设置个性键盘等操作,完成对电脑的个性化设置任务。其有以下 4 个子任务:

子任务 3.1　更改计算机上的视觉效果和声音

子任务 3.2　更改鼠标设置

子任务 3.3　更改键盘设置

子任务 3.4　日期与时间设置

任务实施

子任务 3.1　更改计算机上的视觉效果和声音

在桌面上任意空白处单击鼠标右键,弹出快捷菜单,如图 2-52 所示。

然后,单击"个性化"命令,进入个性化设置窗口,如图 2-53 所示。在窗口右侧可以更换桌面背景,还可单击下面的"窗口颜色"、"声音"及"屏幕保护程序"对背景及声音等计算机的个性化选项进行设置。

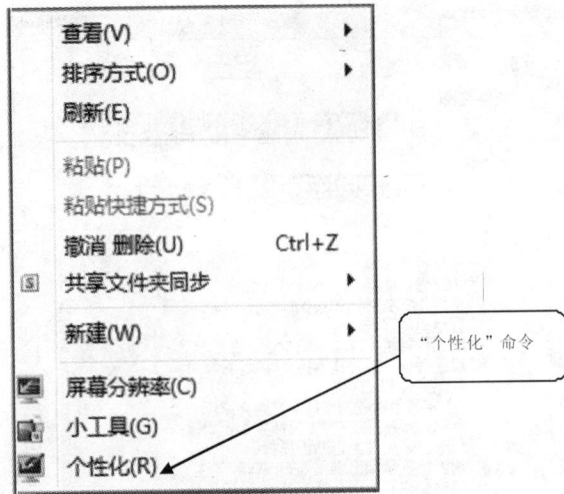

图　2-52

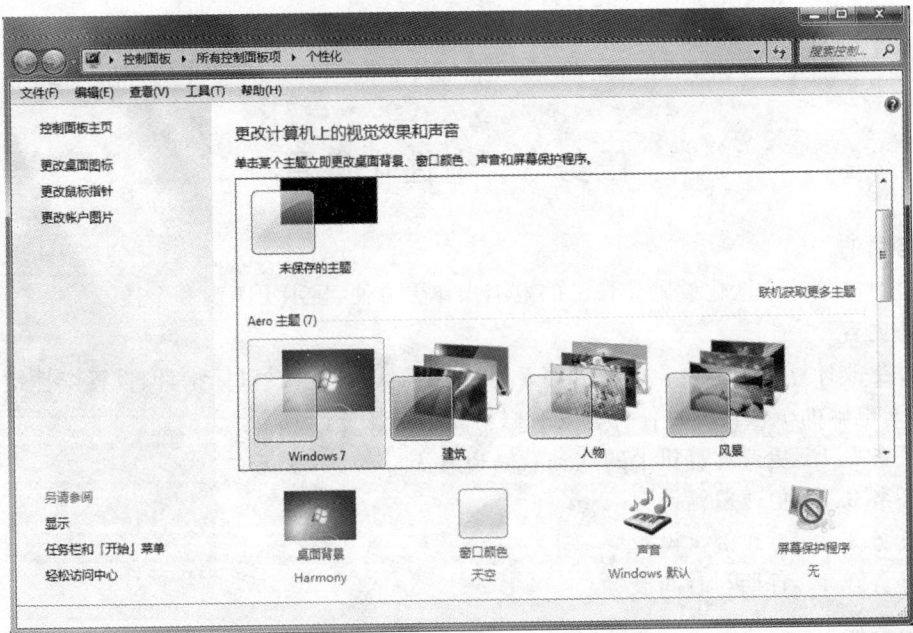

图　2-53

子任务 3.2　更改鼠标设置

设置鼠标主要包括调整双击鼠标指针的显示方案,调整双击速度、更换鼠标指针样式以及设置鼠标指针选项等。在桌面空白处单击鼠标右键,在弹出的快捷菜单中选择"个性化"命令,打开"个性化"窗口,单击导航窗格中的"更改鼠标指针"超链接,打开"鼠标属性"对话框,如图 2-54 所示。

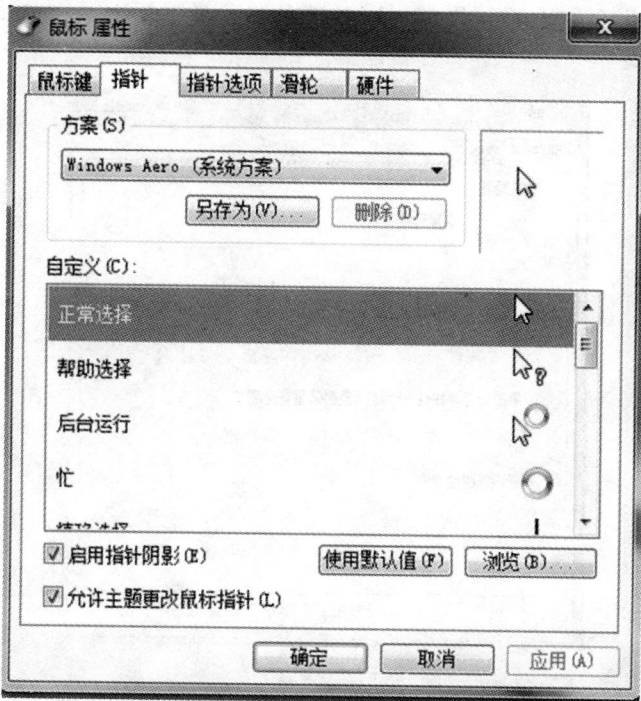

图　2-54

子任务 3.3　更改键盘设置

在 Windows 7 中,设置键盘主要是包括调整键盘的响应速度,以及光标的闪烁速度。其方法为:选择"开始/控制面板"命令,打开"控制面板"窗口,选择该窗口右上角"查看方式"下拉列表框中的"小图标"选项,如图 2-55 所示,将该窗口切换至"小图标"视力模式,单击"键盘"超链接。

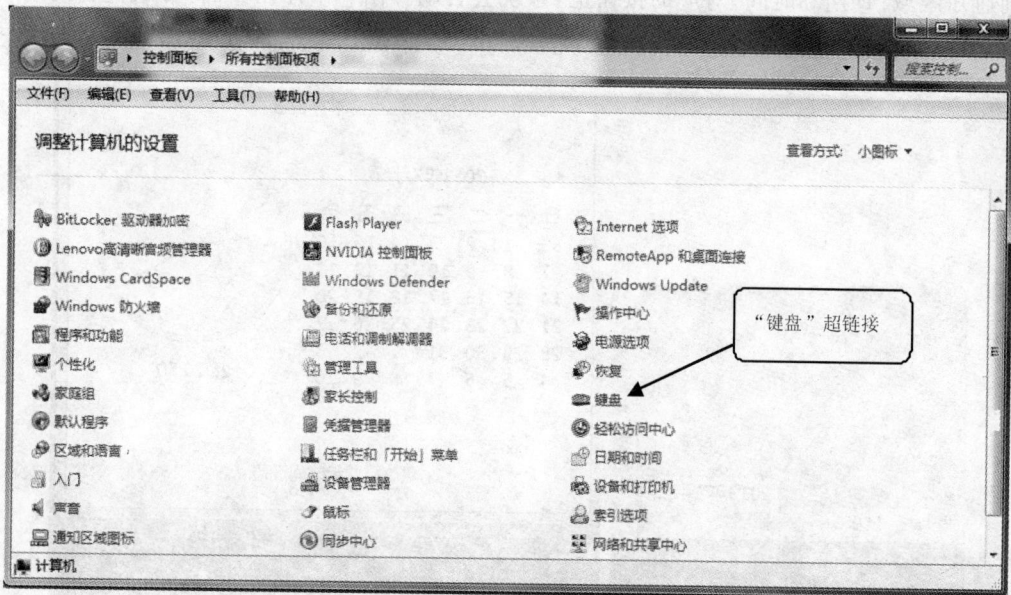

图　2-56

　　打开"键盘属性"对话框，在这里就可以对键盘的字符重复速度、光标闪烁速度等进行设置，如图 2-57 所示。

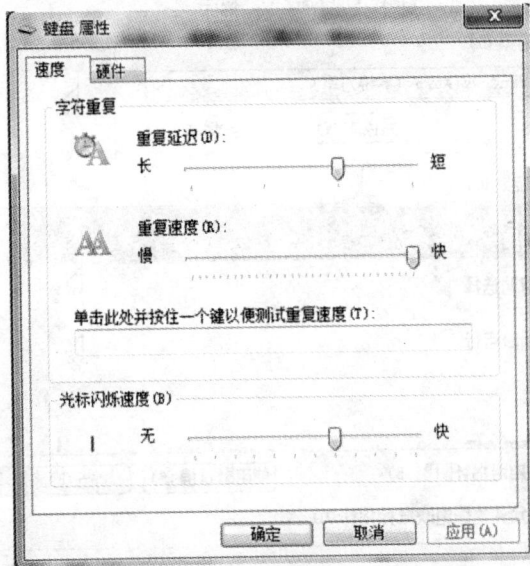

图　2-58

子任务 3.4　日期与时间设置

1.查看系统日期和时间

　　在 Windows 下方的任务栏中显示了系统的日期和时间，但没有显示出星期，将鼠标指针移到通知区域"日期和时间"对应的按钮上，系统会自动弹出一个浮动界面，可以查看到星期单击通知区域"日期和时间"对应的按钮，系统会弹出一个直观的显示界面，如图 2-59 所示。

图　2-59

2.调整系统日期和时间

如果系统日期和时间与现实生活中的不一致,则可对系统日期和时间进行调整。其操作如下:

①将鼠标移到任务栏的"日期和时间"按钮上,单击鼠标右键,在弹出的快捷菜单中选择"调整日期/时间"命令,如图 2-60 所示。

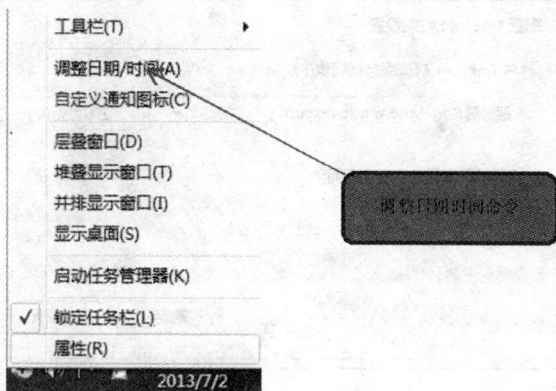

图　2-60

②打开"日期和时间"对话框,选择"日期和时间"选项卡,单击"更改日期和时间"按钮,打开"日期和时间设置"对话框,在"时间"数值框中调整时间,然后在"日期"列表框中选择日期,单击"确定"按钮,单击"确定"按钮,即可返回到"日期和时间"对话框,日期和时间更新完毕,如图 2-61 所示。

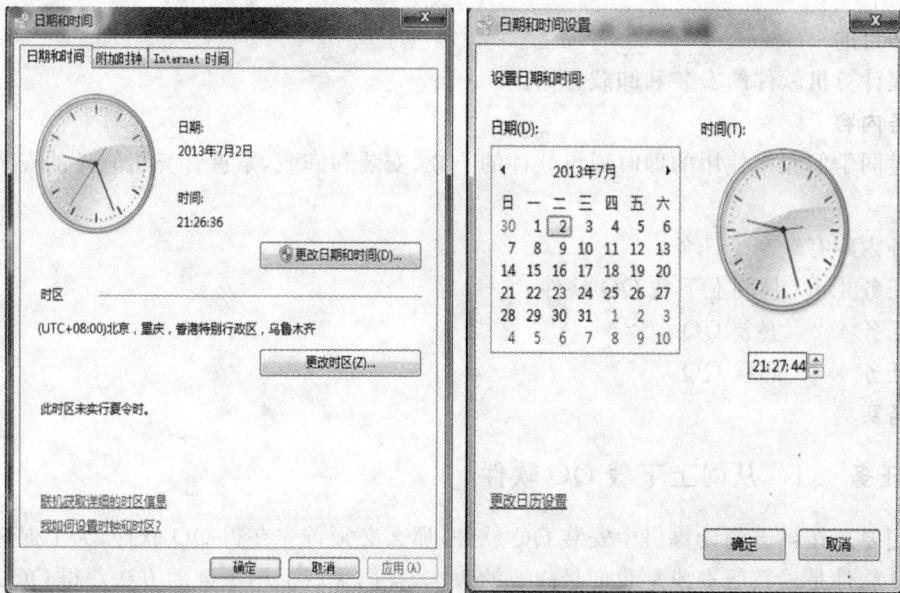

图　2-61

③与 Internet 同步时间

在"日期和时间"对话框中,选择"Internet 时间"选项卡,单击"更改设置"按钮,打开"Internet 时间设置"对话框,单击"立即更新"按钮,将当前时间与 Internet 时间同步一致,单击"确定"按钮,如图 2-62 所示。

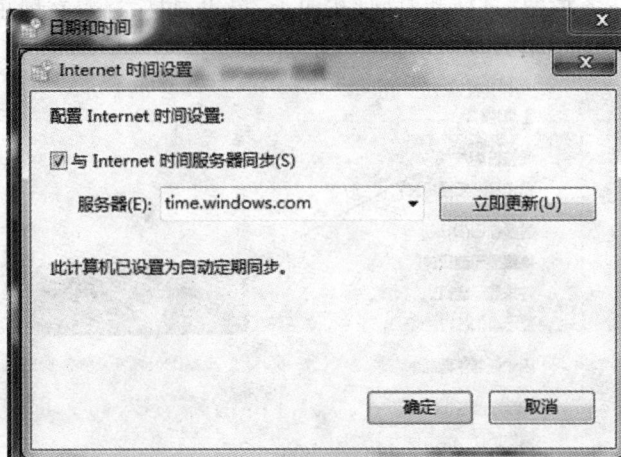

图　2-62

任务检验:让学生在电脑上按照自己的意愿更改视觉效果和声音、更改桌面图标、更改鼠标指针、设置个性键盘。

任务 4　"QQ"的安装和卸载

任务目的

掌握计算机软件的安装和卸载方法。

任务内容

通过同学们经常使用的即时通讯软件的下载、安装和卸载,掌握计算机软件的安装和卸载的方法。

任务内容有 3 个子任务:

子任务 4.1　从网上下载 QQ 软件

子任务 4.2　安装 QQ

子任务 4.3　卸载 QQ

任务实施

子任务 4.1　从网上下载 QQ 软件

我们要想在自己的计算机中安装 QQ 软件,那么必须首先获得 QQ 软件,为了保证我们得到的 QQ 软件是最新版本或是我们最想要的版本,我们采取上网下载的方法获得 QQ 软件,方法如下:

第一步:打开网络浏览器 IE,且进入 hao123 的主页,从这里进入"腾讯"主页,如图 2-63 所示。

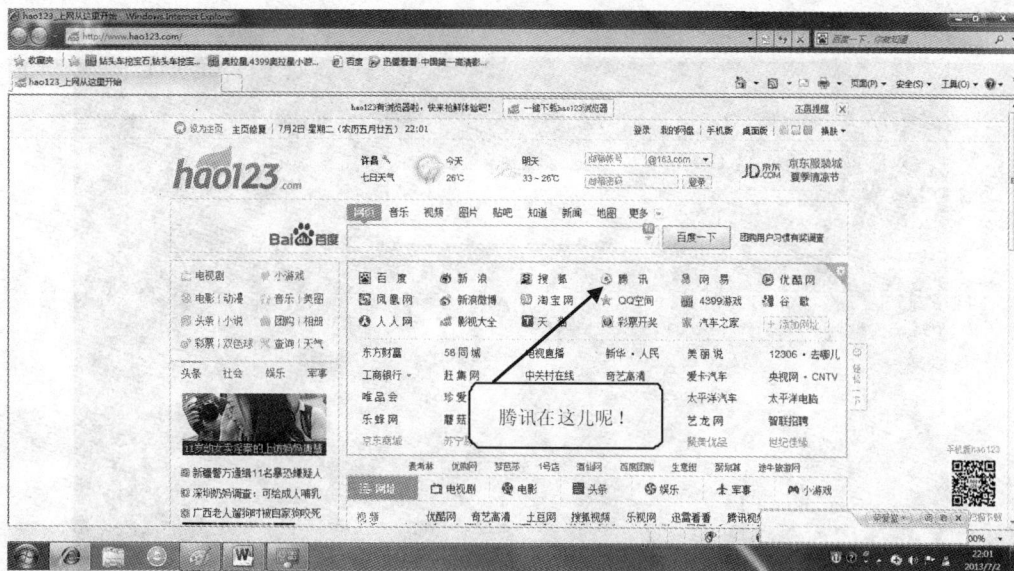

图　2-63

小贴士：①如果你还不会上网，可以向老师和其他同学求教。

②获得软件的途径

安装软件前先要获得软件的安装程序。通常可以通过以下三种方法获得所需的软件安装程序：

①网上下载安装程序：许多软件开发商都会在网上公布一些共享文件和免费软件的安装程序，用户只需上网查找并下载这些安装程序。

②购买安装光盘：购买正规的软件安装光盘，不但质量有保证，通常还能享受一些升级和技术支持，常用软件的安装光盘在当地的软件销售商处都能够买到。

③ 购买软件图书时赠送：购买某些电脑方面的杂志或书籍时，附带了一些软件的安装程序光盘。

第二步：在腾讯主页单击"QQ 软件"即可进入腾讯软件中心，如图 2-64 所示。

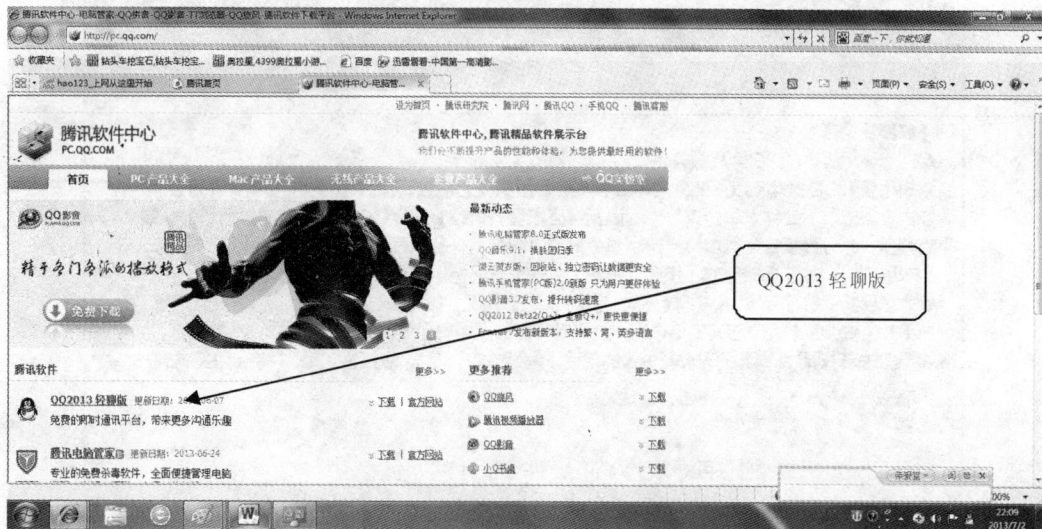

图　2-64

第三步,选择我们需要的 QQ 软件:"QQ2013 轻聊版",下载到桌面上,如图 2-65 所示。

图　2-65

子任务 4.2　安装 QQ

1. 开始安装

双击桌面上的 QQ 安装程序图标,显示 QQ 安装向导,共分四步完成 QQ 的安装:"欢迎"、"选项"、"选择"、"安装"、"完成",如图 2-66 所示。

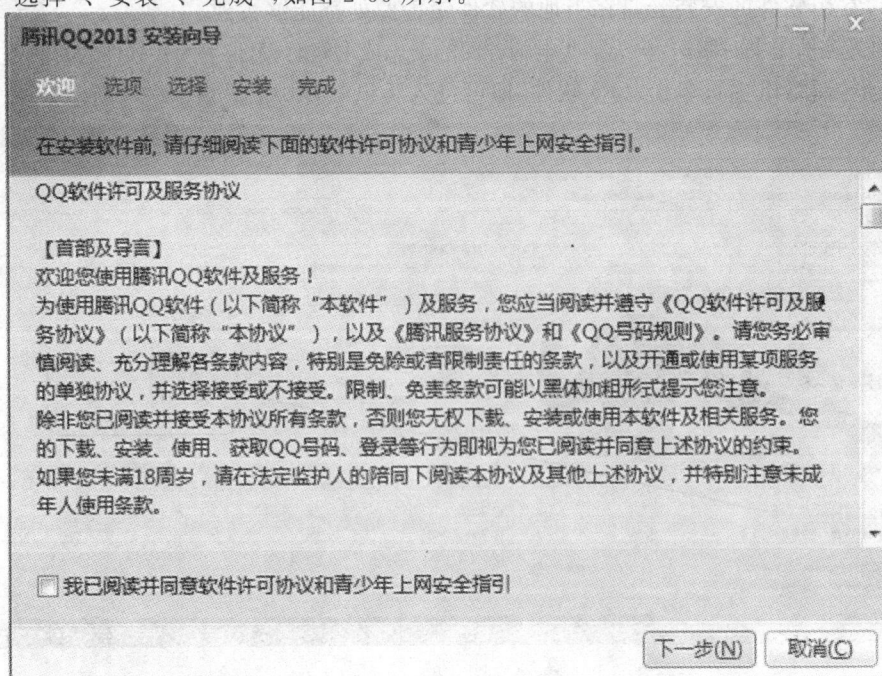

图　2-66

2.安装过程

安装过程如图 2-67 所示。

图　2-67

3.安装完成

桌面显示 QQ 图标,这时我们就可以使用 QQ 进行即时聊天和文件传输了,如图 2-68 所示。

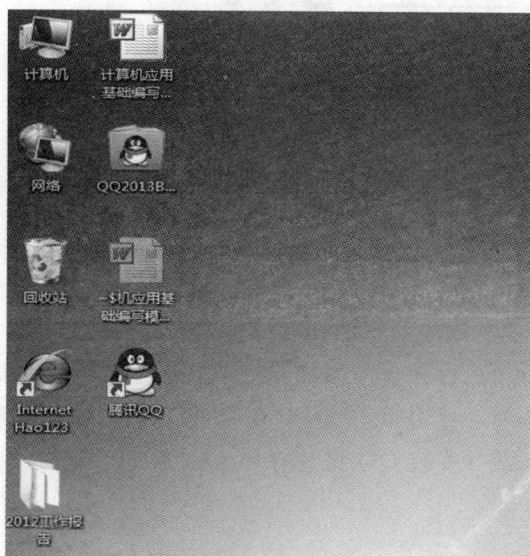

图　2-68

子任务 4.3　卸载 QQ

当我们不需要一个软件时,应该把它从电脑中卸载掉,以便为其他程序腾出更多的空间,让电脑运行的速度更快些。一般情况下,安装一个软件的同时,都会安装一个该软件自带的卸载程序,如在安装 QQ 的同时就安装了一个"卸载腾讯 QQ"程序,点击开始菜单便可找到,然后单击该程序便可卸载 QQ,如图 2-69 所示。

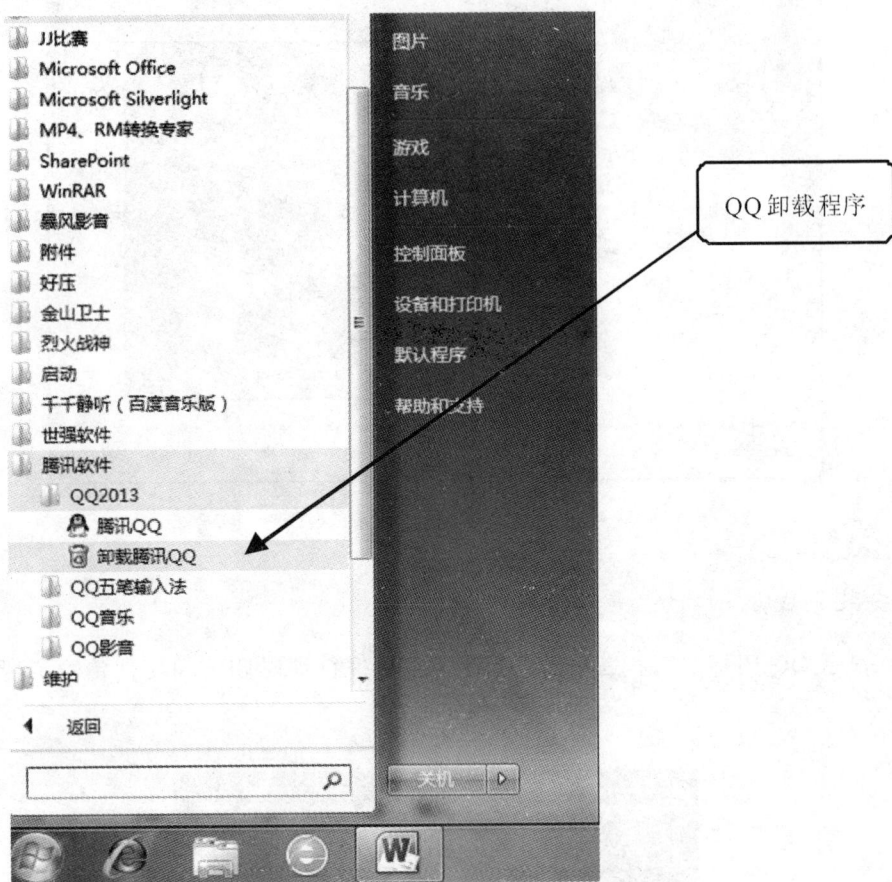

图　2-69

卸载软件还有一个重要的方法就是利用控制面板中的"卸载或更改程序"功能对软件进行修复,其操作步骤为:选择"开始/控制面板"命令,打开"控制面板"窗口,单击"卸载程序"超链接,如图 2-70 所示。

打开"程序和功能"窗口,在列表中选择"腾讯 QQ2013",单击"卸载"按钮,系统会自动卸载 QQ 程序,卸载中间会有一些提示和选项让用户自行选择,如图 2-71 所示。

任务检验:让学生下载并安装 QQ 到电脑上,检验后进行卸载。

图　2-70

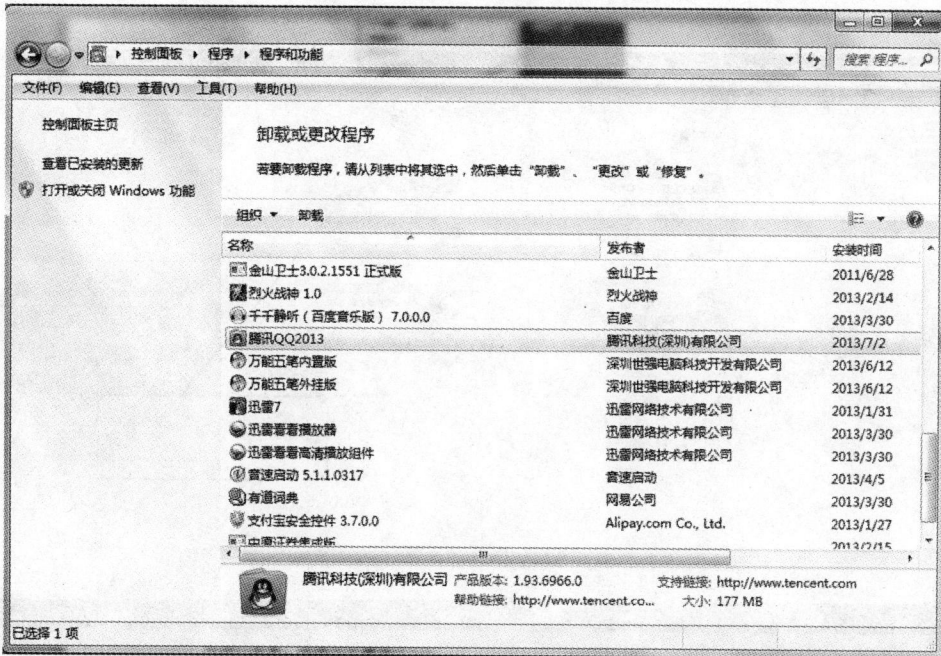

图　2-71

任务 5　管 理 用 户

任务目的

当多个用户使用同一台电脑时,为了保护各自保存在电脑中的文件的安全,使文件不受到损坏,可以在电脑中设置多个账户,让每一个用户在各自的账户界面下工作。本任务的目的是学会对 Windows 7 的用户进行管理。

任务内容

通过对两个用户"亮剑"和"兄弟"的操作,学会对 Windows 7 用户的创建、设置、删除操作,有以下 3 个子任务:

子任务 5.1　创建"亮剑"和"兄弟"两个新用户

子任务 5.2　对用户"亮剑"进行设置

子任务 5.3　删除账户"兄弟"

任务实施

子任务 5.1　创建"亮剑"和"兄弟"两个新用户

1.创建新用户"亮剑"

选择"开始/控制面板"命令,打开"控制面板"窗口,单击"添加或删除用户账户"超链接,如图 2-72 所示。

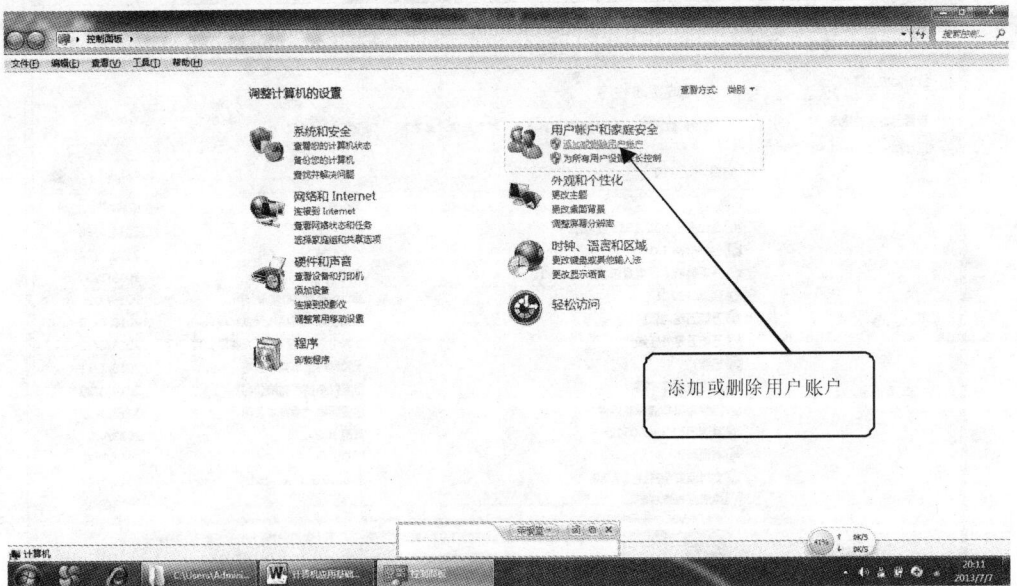

图　2-72

打开"管理账户"窗口,在没有创建新用户之前,系统只有一个超级管理员用户"Administrator"和一个没有启用的来宾账户"Guest"。要创建新用户,就要单击该窗口中的"创建一个新用户"超链接,如图 2-73 所示。

选择希望更改的帐户

Administrator
管理员

Guest
来宾帐户没有启用

创建一个新帐户
用户帐户是什么?

您能做的其他事
设置家长控制
转到主 "用户帐户" 页面

图　2-73

　　打开"创建新账户"窗口,在"新账户名"文本框中输入账户名称,这里输入"亮剑",然后设置用户账户的类型,这里选中"标准用户"单选按钮,单击"创建账户"按钮,如图 2-74 所示。

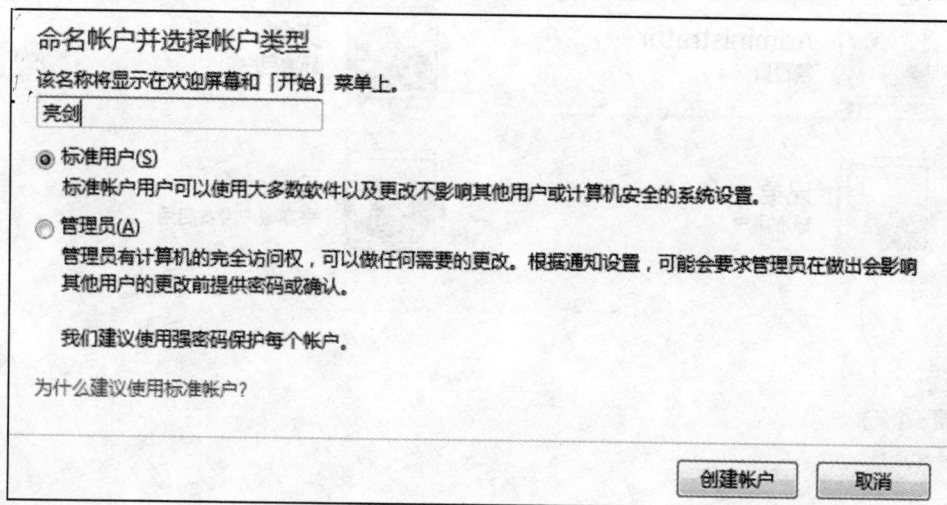

命名帐户并选择帐户类型
该名称将显示在欢迎屏幕和「开始」菜单上。

亮剑

◉ 标准用户(S)
标准帐户用户可以使用大多数软件以及更改不影响其他用户或计算机安全的系统设置。

○ 管理员(A)
管理员有计算机的完全访问权,可以做任何需要的更改。根据通知设置,可能会要求管理员在做出会影响其他用户的更改前提供密码或确认。

我们建议使用强密码保护每个帐户。

为什么建议使用标准帐户?

创建帐户　　取消

图　2-74

返回"管理账户"窗口,即可看到创建的新账户"亮剑",如图 2-75 所示。

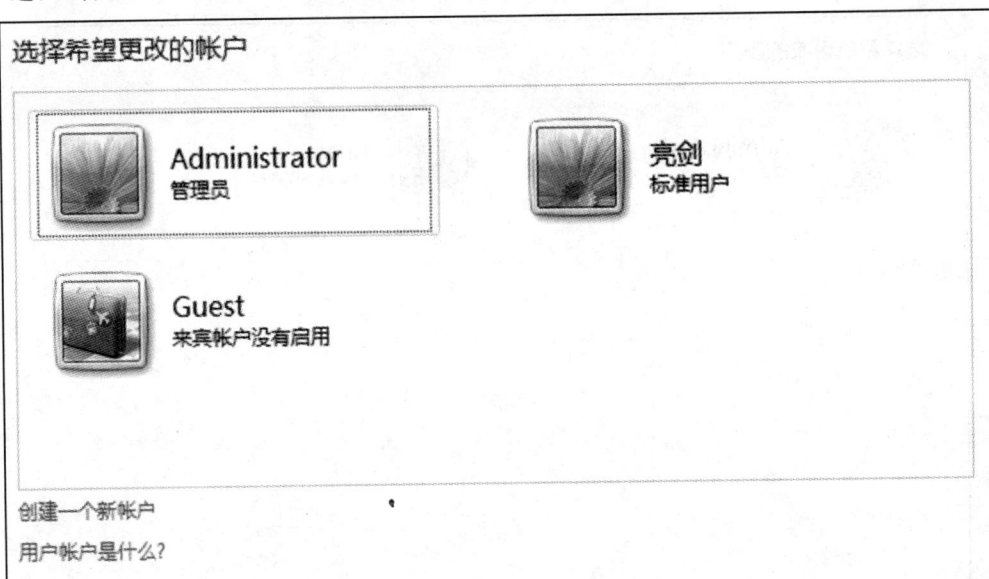

图　2-75

2.创建新用户"兄弟"

用同样的方法可以创建新用户"兄弟",创建后返回"管理账户"窗口,即可看到创建的新账户"兄弟",如图 2-76 所示。

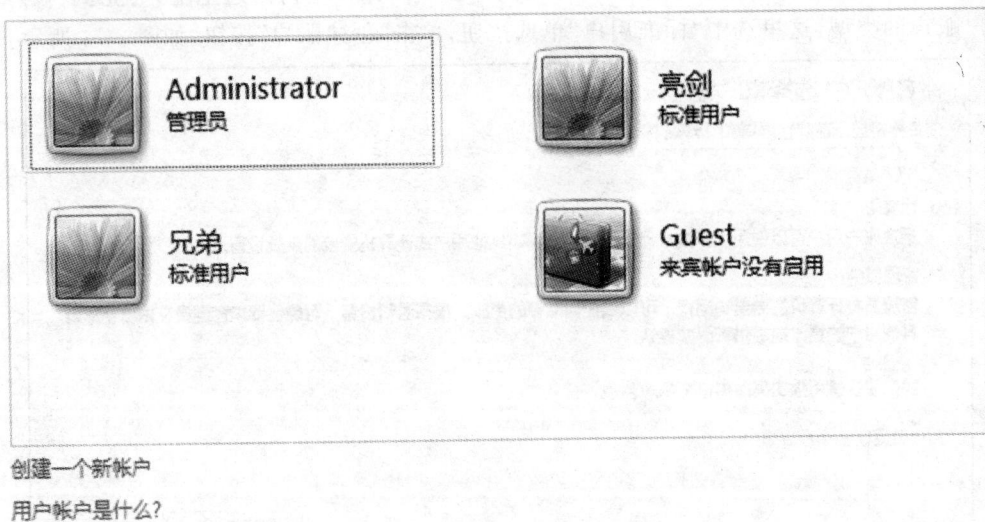

图　2-76

子任务 5.2　对账户"亮剑"进行设置

1.更改账户"亮剑"的类型

在创建完新账户后,可以根据实际的使用和操作更改账户的类型,改变该用户账户的操作权限。下面把"亮剑"标准账户更改为管理员账户类型,其操作步骤如下:

打开"管理账户"窗口,双击"亮剑"标准账户选项,打开"更改账户"窗口,如图 2-77 所示。

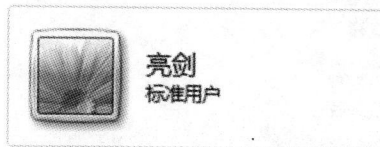

更改 亮剑 的帐户

更改帐户名称

创建密码

更改图片

设置家长控制

更改帐户类型

删除帐户

管理其他帐户

图　2-77

单击"更改账户类型"超链接,打开"更改账户类型"窗口,选中"管理员"单选按钮,单击"更改账户类型"按钮,如图 2-78 所示。

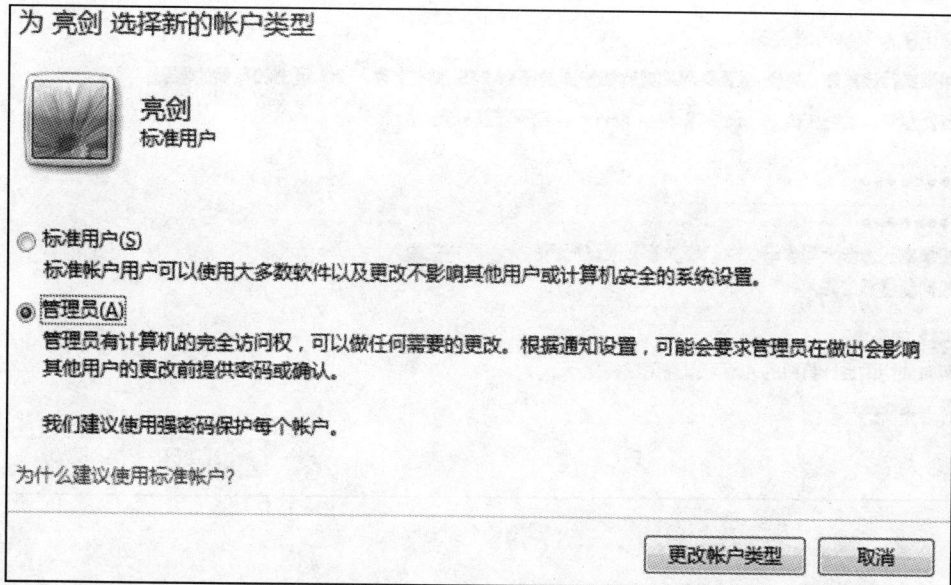

图　2-78

返回"更改账户"窗口,该账户的"标准账户"字样变为"管理员"字样。

2. 创建、更改和删除"亮剑"的密码

为了保护用户账户的文件,使其不被其他用户查看和破坏,可为该账户创建密码,之后还可以根据需要更改或删除改密码。

①建账户密码

打开"管理账户"窗口,双击"亮剑"标准账户选项,打开"更改账户"窗口,如图 2-79 所示。

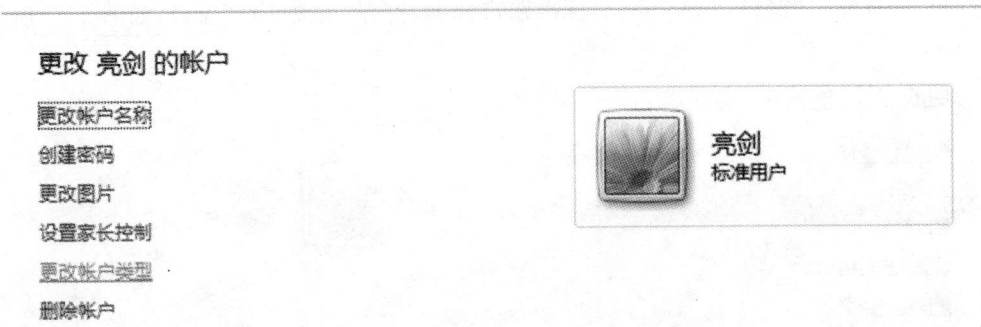

更改 亮剑 的帐户

更改帐户名称
创建密码
更改图片
设置家长控制
更改帐户类型
删除帐户

亮剑
标准用户

图　2-79

打开"更改账户"窗口,单击"创建密码"超链接,如图 2-80 所示。

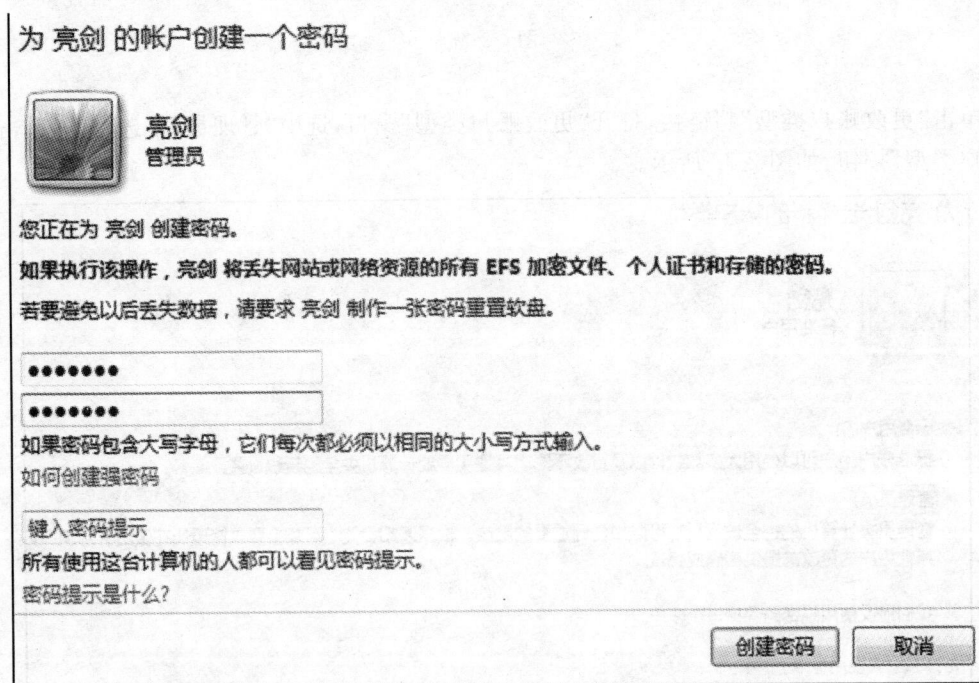

为 亮剑 的帐户创建一个密码

亮剑
管理员

您正在为 亮剑 创建密码。

如果执行该操作,亮剑 将丢失网站或网络资源的所有 EFS 加密文件、个人证书和存储的密码。

若要避免以后丢失数据,请要求 亮剑 制作一张密码重置软盘。

●●●●●●●

●●●●●●●

如果密码包含大写字母,它们每次都必须以相同的大小写方式输入。

如何创建强密码

键入密码提示

所有使用这台计算机的人都可以看见密码提示。

密码提示是什么?

创建密码　　取消

图　2-80

打开"创建密码"窗口,在"新密码"文本框中输入密码"2366069",显示为"……",然后在"确认新密码"文本框中再次输入"2366069",如图 2-80 所示,单击创建密码按钮。返回"更改账户"窗口,"亮剑"账户显示为受密码保护账户。

②更改账户密码

当认为账户的密码设置得过于简单的时候，为了加强对账户的保护，可以更改账户的密码。其方法与设置密码的操作过程类似，由同学们自己完成。

③删除当前密码

在为账户创建密码之后，当不再需要密码时，可以将该密码删除。其方法与设置密码的操作过程类似，由同学们自己完成。

3.更改账户名称和头像

与个性化的桌面外观设置一样，创建用户账户后，可以为账户设置个性化的名称和头像，以美化电脑的使用环境。更改账户名称和头像的操作同样在更改账户窗口进行，如图 2-81 所示。

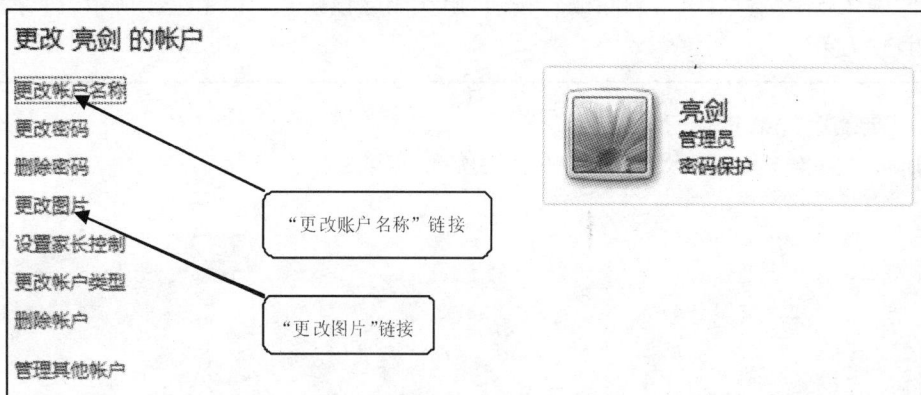

图 2-81

子任务 5.3 删除账户"兄弟"

当不再需要某个已创建的用户账户时，在删除用户账户之前，需先登录到"管理员"类型的账户，将其删除。例如，删除"兄弟"账户，其操作步骤如下：

打开"控制面板"窗口，单击"用户账户和家庭安全"选项，再次单击"添加或删除用户账户"超链接，打开"管理账户"窗口，单击"兄弟"中选项，打开"更改账户"窗口，单击"删除账户"超链接，如图 2-82 所示。

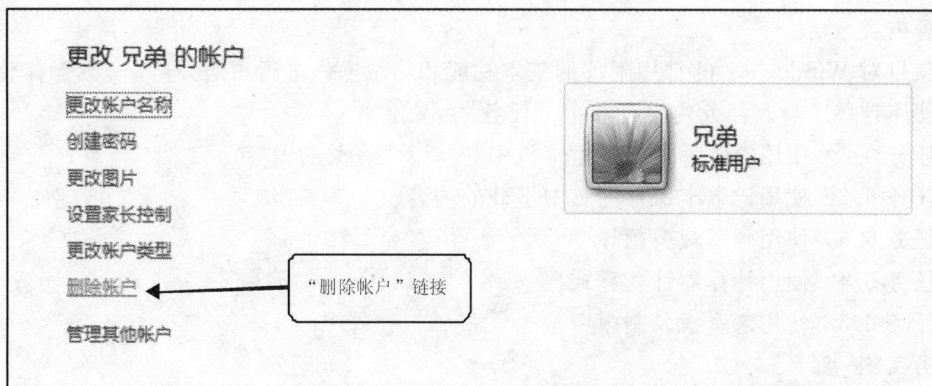

图 2-82

打开"删除账户"窗口,询问是否保留该账户的文件,如需保留文件,单击保留文件按钮,这里单击删除文件按钮,选择删除文件,如图 2-83 所示。

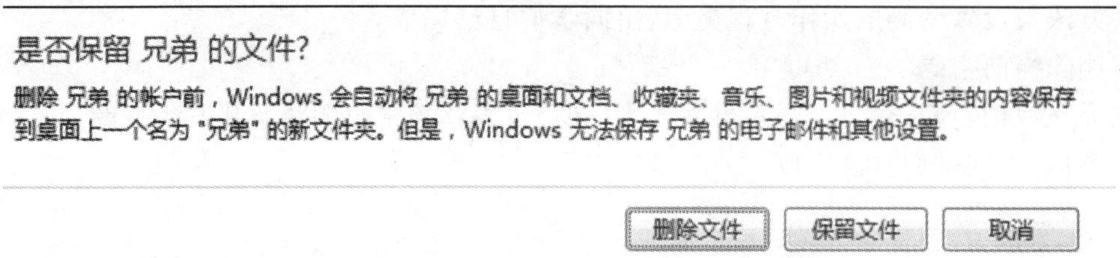

是否保留 兄弟 的文件?

删除 兄弟 的帐户前,Windows 会自动将 兄弟 的桌面和文档、收藏夹、音乐、图片和视频文件夹的内容保存到桌面上一个名为 "兄弟" 的新文件夹。但是,Windows 无法保存 兄弟 的电子邮件和其他设置。

删除文件   保留文件   取消

图　2-83

打开"确认删除"窗口,单击删除账户按钮,确认删除该账户,如图 2-84 所示,即可删除没有用的用户"兄弟"。

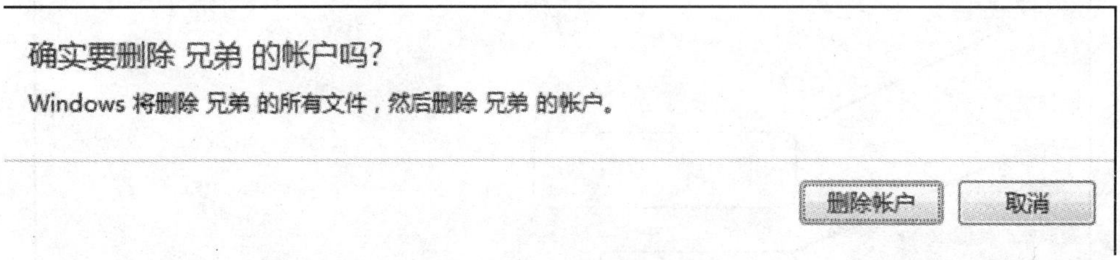

确实要删除 兄弟 的帐户吗?

Windows 将删除 兄弟 的所有文件,然后删除 兄弟 的帐户。

删除帐户   取消

图　2-84

任务检验:让学生按任务要求完成用户的相关操作,并相互检查比较。

任务6　使 用 附 件

任务目的

本项目主要对 Windows 7 的常用附件,如资源管理器、记事本、画图程序、计算器、录音机等工具进行简单功能操作,让我们对 Windows 7 自带的这些工具软件有所了解,为今后简单应用这些工具软件奠定基础。这些附件更多的功能由同学们自己去发现。

任务内容

本项目对 Windows 7 的常用附件的基本功能和简单操作进行讲解,通过实际操作让同学们学会使用这些工具。任务内容有 5 个子任务:

子任务 6.1　使用资源管理器搜索本机中与"计算"有关的内容

子任务 6.2　使用记事本保存网页中下载的内容

子任务 6.3　使用画图裁剪图片

子任务 6.4　使用计算器计算算式

子任务 6.5　使用录音机录制声音

任务实施

子任务 6.1　使用资源管理器搜索本机中与"计算"有关的内容

资源管理器是常用的 Windows 文件查看和管理工具，提供了丰富和方便的功能，比如高效搜索框、库功能、灵活地址栏、丰富视图模式切换、预览窗格等等，可以有效帮助我们轻松提高文件操作效率。

下面利用资源管理器中的高效搜索框搜索本机中与"计算"有关的文件。首先打开资源管理器，方法是使用开始菜单－所有程序－附件－资源管理器，打开资源管理器如图 2-85 所示。

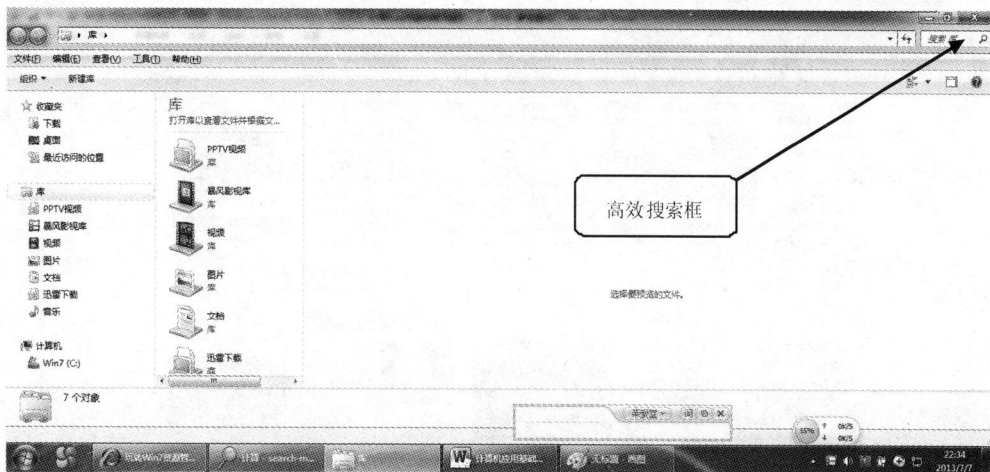

图　2-85

资源管理器的搜索框在菜单栏的右侧，可以灵活调节宽窄。它能快速搜索 Windows 中的文档、图片、程序、Windows 帮助甚至网络等信息。Windows 7 系统的搜索是动态的，当我们在搜索框中输入第一个字的时刻，Windows 7 的搜索就已经开始工作，大大提高了搜索效率。我们输入"计"字，这时系统就开始搜索所有含有"计"字的内容了，再输入"算"，就可以搜到我们想要的结果了，如图 2-86 所示。

图　2-86

子任务 6.2　使用记事本保存网页中下载的内容

1.在搜狐网首页上下载第一篇新闻

打开搜狐网首页,如图 2-87 所示。

图　　2-87

打开头条新闻"韩国客机坠毁　两浙江女生遇难",如图 2-88 所示。

图　　2-88

　　选中"导读"内容,单击鼠标右键,选"复制",这时导读的内容已经被保存在电脑的"剪贴板"中了。如图 2-89 所示。

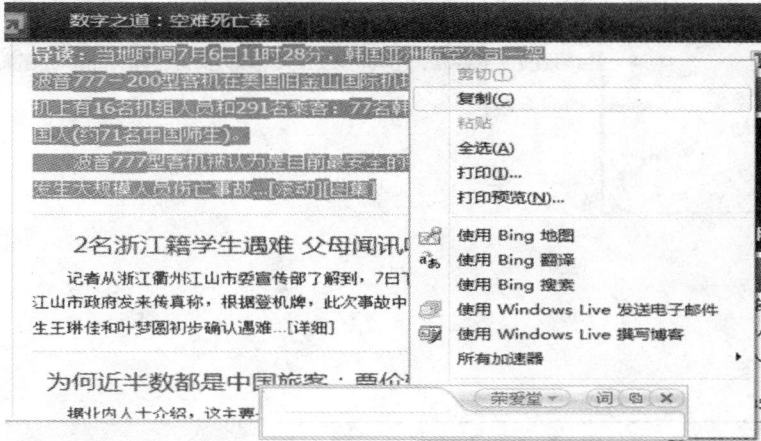

图　2-89

下面打开"记事本",然后选择菜单"编辑"-"粘贴",如图 2-90 所示。

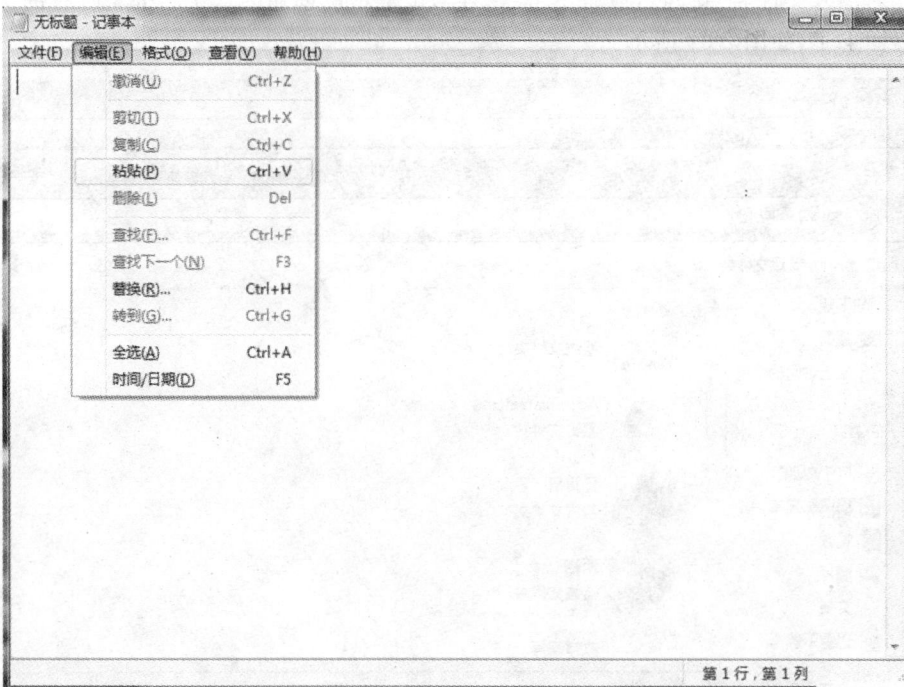

图　2-90

　　这时刚才网页上的内容就被复制到了记事本中,而且不带网页中的格式,是一段纯文本格式的文字,如图 2-91 所示。

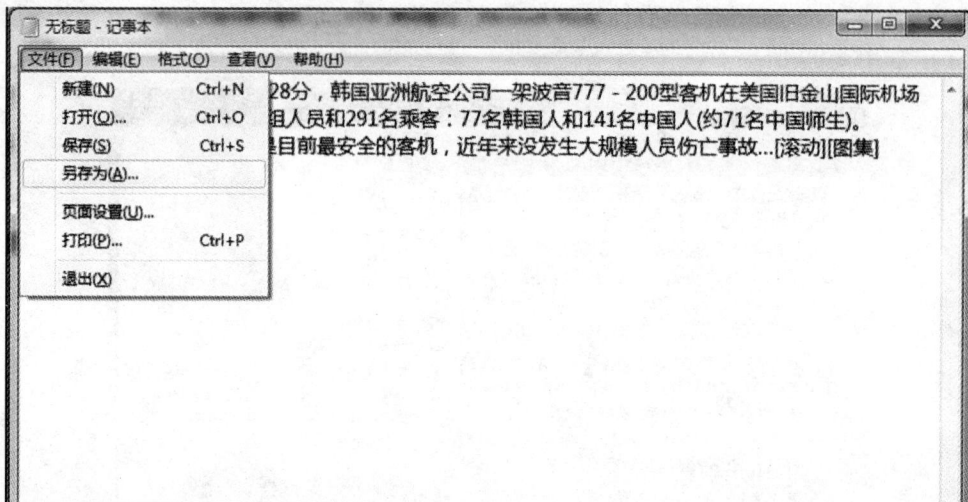

图　2-91

　　最后,单击菜单"文件"—"另存为",弹出"另存为"对话框,在左边选择存在位置"桌面",在"文件名"后输入文件名"新闻",最后单击"保存",记事本所创建的这个名为"新闻"的文件就保存在了桌面上了,如图 2-92 所示。

图　2-92

子任务 6.3　使用画图裁剪图片

　　画图程序就是 Windows 7 自带的一款集图形绘制与编辑功能于一身的软件。下面我们要对这张图片进行剪切，去掉多余的背景部分，只留人像所在部分图片，如图 2-93 所示。

图　2-93

　　假设这张图片的名字叫"人像照片"，保存在桌面上，我们先利用画图程序把这张照片打开，如图 2-94 所示。

图　2-94

　　然后使用画图中的"选择"工具，选中人像所在的部分，该部分被虚线框标示，如图 2-95
所示。

图　　2-95

　　再单击工具栏上的"裁剪"命令，图像就被加工成功，如图 2-96 所示。

图　　2-96

　　最后点"保存"命令即可保存修改结果。

子任务 6.4　使用计算器计算算式

　　附件中的计算器可以进行简单算术运算，例如计算 $33 \times 8 + 123$，首先打开计算器，如图
2-97所示。

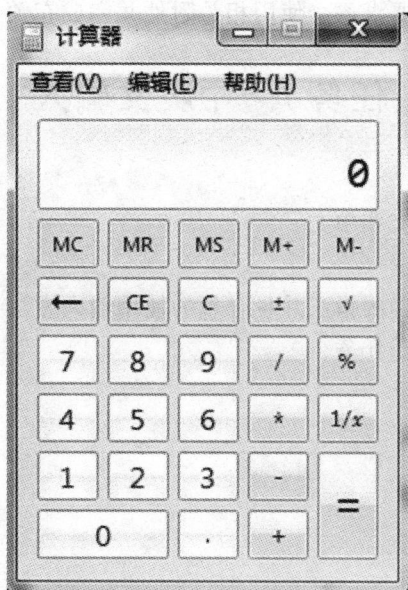

图　2-97

依次输入 33、×、8、=、+、123、=，即可得到结果。

子任务 6.5　使用录音机录制声音

打开录音机，如图 2-98 所示。

图　2-98

点击"开始录制"，便可使用麦克风录入声音了，如图 2-99 所示。

图　2-99

　　录制完毕，单击"停止录制"就完成录制工作，系统提示保存音频文件，按要求进行保存就可以了。

　　小贴士：以上仅以主要的附件工具的一个操作为例说明附件的操作，更多的功能同学们可以自己摸索。

任务检验：让学生按任务要求逐个使用相关附件并完成有关操作。

任务 7　中英文输入

任务目的

学会快速、准确地录入英文和中文。

任务内容

从认识键盘开始，掌握正确的指法并且合理的使用输入方法，重点掌握拼音输入法即可满足日常工作需要，有以下 3 个子任务：

子任务 7.1　认识键盘

子任务 7.2　指法练习

子任务 7.3　汉字录入

任务实施

子任务 7.1　认识键盘

计算机键盘中的全部键按基本功能可分成四组，即键盘的四个分区：主键盘区、功能键区、编辑键区和数字键盘区，如图 2-100 所示。

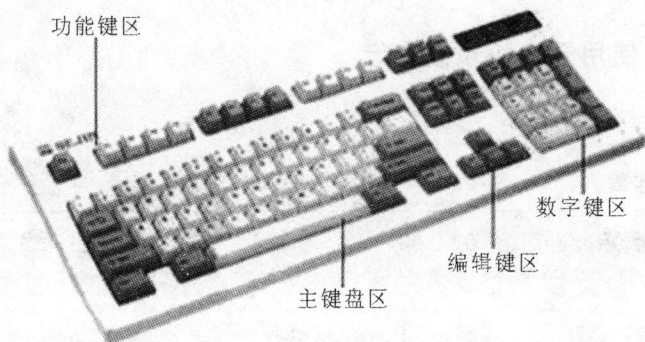

图 2-100

1. 主键盘区

主键盘也称标准打字键盘，此键区除包含 26 个英文字母、10 个数字符号、各种标点符号、数学符号、特殊符号字符键外，还有若干基本的功能控制键。

①字母键：所有字母键在键面上均刻印有大写的英文字母，表示上档符号为大写，下档符号为小写（即通常情况下，单按此键时输入下档小写符号）。其键位排列形式与标准英文打字机相同。

②数字键【0】～【9】：主键盘第一行的一部分，键面上刻印有数字。单按时输入下档键面数字。

③换档键【Shift】：键面上的标记符号为"Shift"或"↑"，主键盘的第四排左右两边各一个

换档键,其功能相同,用于大小写转换以及上档符号的输入。操作时,先按住换档键,再击其他键,输入该键的上档符号;不按换档键,直接击该键,则输入键面下方的符号。若先按住换档键,再击字母键,字母的大小写进行转换(即原为大写转为小写,或原为小写转为大写)。

④空格键:又称【Space】键,整个键盘上最长的一个键。按一下此键,将输入一个空白字符,光标向右移动一格。

⑤回车键【Enter】:键面上的标记符号为"Enter"或"Return"。主键盘右边中间,大部分键盘的这个键较大(因用得多,故制作大点便于击中)。

⑥控制键【Ctrl】:在主键盘下方左右各一个,此键不能单独使用,与其他键配合使用可产生一些特定的功能。为了便于书写,往往把"Ctrl"写为"ˆ"。如【Ctrl+P】组合键可写为"ˆP",其功能为接通或断开打印机(在接通打印机后,屏幕上出现的字符将在打印机上打印)。

⑦转换键,又叫变换键【Alt】:在主键盘下方靠近空格键处,左右各一个。该键同样不能单独使用,用来与其他键配合产生一些特定功能。例如在 Super－CCDOS 中:【Alt+F4】组合键的功能是选择五笔字型输入法;【Alt+F9】是选择图形或符号等。有时为书写方便也把组合键【Alt+F4】写成"～F4"。在 Windows 操作中【Alt+F4】是关闭当前程序窗口。

⑧退格键【Back Space】:键面上的标记符号为"Back Space"或"←"。按下此键将删除光标左侧的一个字符,光标位置向前移动一格。

⑨【Windows】键:键面上的标记符号为"",也称 Windows 徽标键。因键面的标识符号是 Windows 操作系统的徽标而得名。此键通常和其他键配合使用,单独使用时的功能是打开"开始"菜单。

2.功能键区

功能键区也称专用键区,包含【F1】～【F12】共 12 个功能键,主要用于扩展键盘的输入控制功能。各个功能键的作用在不同的软件中通常有不同的定义。

3.编辑键区

编辑键区也称光标控制键区,主要用于控制或移动光标。

4.数字键盘

数字键盘也称小键盘、副键盘或数字/光标移动键盘。其主要用于数字符号的快速输入。在数字键盘中,各个数字符号键的分布紧凑、合理,适于单手操作,在录入内容为纯数字符号的文本时,使用数字键盘将比使用主键盘更方便,更有利于提高输入速度。

数字锁定键【Num Lock】:此键用来控制数字键区的数字/光标控制键的状态。

子任务 7.2　指法练习

要想提高打字速度必须掌握正确的键盘操作指法,如图 2-101 所示。

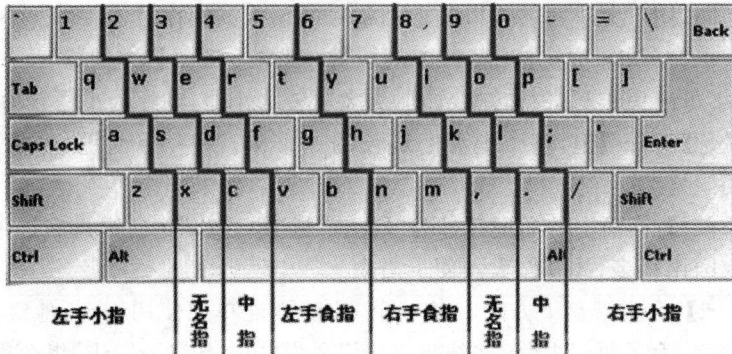

图　2-101

指法训练的要点

(1)"包产到户":各手指要分工明确,各守岗位。

(2)不看键盘,练习"盲打":如果希望通过训练具备较好的技能,那从一开始就一定要严格要求,否则错误的打法一旦成了习惯,正确的打法就难于学成。很可能一开始有些手指(如无名指)打起键来不够"听话",有点别扭,但只要坚持练习,一定可以学好。

(3)手指回原点:每一手指到上下两排"执行任务"之后,只要时间允许,一定要习惯性地回到各自的原点位置(即中排的基准键位)。

(4)手指和手腕灵活运动:不要靠整个手臂的运动来找到键位,全靠手指运动即可控制的。

(5)按键轻重适度:按键不要过重,过重不但声音太响,而且容易疲劳。另外,手指跳动幅度较大时,击键与恢复都需要较长的时间,也是会影响输入速度的。

(6)操作姿势要正确:操作者在机器前要坐端正,不要弯腰低头或趴在操作台上,也不要把手腕、手臂依托在键盘上。否则不但影响美观,更会影响速度。另外,座位高低要适度,以手臂与键盘盘面水平为宜,座位过低容易疲劳,过高则不便操作。

(7)步进式练习:一开始,要一个手指一个手指地练。

子任务 7.3　拼音输入法

拼音输入法是比较容易掌握的输入方法,只要学习过汉语拼音都可以使用。当前较为流行的拼音输入法有:智能 ABC 输入法、搜狗拼音输入法、QQ 拼音输入法、微软拼音输入法、谷歌拼音输入法等。下面我们就来认识一下几种常用的拼音输入法。

1. 智能 ABC 输入法

智能 ABC 输入法(也叫做标准输入法)是运行于 Microsoft Windows 之下的汉语拼音输入法软件,因捆绑于 Microsoft Windows 简体中文版操作软件而一举成名,曾经是中国大陆使用人数最多的输入法软件。

特色:简单易学,懂汉语拼音的人就会使用。

缺点:智能 ABC 的缺点:智能 ABC 与其他的输入法相比,它不能够随着拼音符号的输入立刻显示出字词,而需要先按一下空格键,才能显示出选字菜单,不够直观;而且在输入长句时,句中的每个字/词都要按一下空格加以确认,较为繁琐。

2.搜狗拼音输入法

特色:词库在线同步、中英混输、皮肤编辑器、手写输入、截屏、云输入。

缺点:没有搜索功能。

搜狗输入法给人的感觉是非常亮丽,包括大量五光十色的输入法皮肤和大量的细胞词库,最新版本还支持手写输入功能。搜狗输入法的词库在线同步比较值得赞赏,不仅能同步细胞词库,还能同步用户的输入习惯和输入法设置,用户无论去到哪里都能方便地找回自己的打字节奏感。而新版搜狗首创的云输入法则让词库同步发挥到极致,理论上可以做本地词库没有的词汇,通过云端能在 1~2 秒内搜索得到最接近的结果。

3.QQ 拼音输入法

特色:同步 QQ 账号、皮肤编辑器、拼音小字典、截屏、表情模式、网址直达。

缺点:词库不够强大,学习功能较弱,没有搜索功能。

QQ 拼音输入法与搜狗拼音的功能有很多相似之处,但是 QQ 拼音倚仗腾讯 QQ 的强大后台和用户群体,近年发展迅速。新版更加推出了与 QQ 账号同步的功能。

任务检验:让学生选择一种适合自己的输入法,在记事本中完成文字输入练习任务。

项目 3　互联网应用

项目说明

Internet，又称互联网，是人们日常工作、学习和生活中不可或缺的工具和平台。学会使用互联网已经成为一个人的基本技能，我们在前面的项目中已经使用了互联网，体验了它强大的功能，本项目将完成使用 IE 浏览器、收发电子邮件、信息搜索、文件下载几个任务，从而掌握互联网的使用技能。

知识目标

掌握 Internet 的常用功能和操作方法

掌握申请邮箱及收发电子邮件的方法

掌握下载文件的方法

能力目标

会通过 IE 浏览网上资源

会下载网上资源

能创建和收发电子邮件

能进行信息检索

项目分解

任务 1　浏览中华人民共和国教育部网站

任务 2　收发电子邮件

任务 3　下载《国歌》

任务 1　浏览中华人民共和国教育部网站

任务目的

通过浏览中华人民共和国教育部网站，学会互联网基本操作。

任务内容

通过查找和浏览网站，学会 Internet 的基本操作和信息的搜索有以下 3 个子任务：

子任务 1.1　认识 Internet

子任务 1.2　打开 Internet Explorer(IE)并进行设置

子任务 1.3　浏览中华人民共和国教育部网站

任务实施

子任务 1.1 认识互联网

1.互联网简介

Internet 中文名为因特网,是国际性的计算机互联网络,由全球 100 多个国家和地区的通信骨干网及遍布无数的计算机广域网、城域网和局域网组成。

Internet 最早来源于美国国防部高级研究计划局前身 ARPA 建立的 ARPAnet,该网于 1969 年投入使用。今天,Internet 已不仅仅是计算机人员和军事部门进行科研的领域,而成为覆盖全球的信息海洋。Internet 进入到人们的生产、生活的方方面面,给人们的观念和生活习惯带来了深刻的影响,如图 3-1 所示。

图 3-1

Internet 也有其固有的缺点,如网络无整体规划和设计、网络结构不清晰以及容错和可靠性能的缺乏,而这些对于某些领域的应用是至关重要的。除此之外,安全性始终是困扰 Internet 用户发展的另一主要因素。

2.互联网主要接入方法

①ADSL 接入

ADSL 是直接利用现有的电话线路,通过 Modem(调制调解器,一般由网络运营商提供)后进行数字信息传输。特点是速率稳定、带宽独享、语音数据不干扰等。ADSL 适用于家庭,个人等用户的大多数网络应用需求,基本方式如图 3-2 所示。

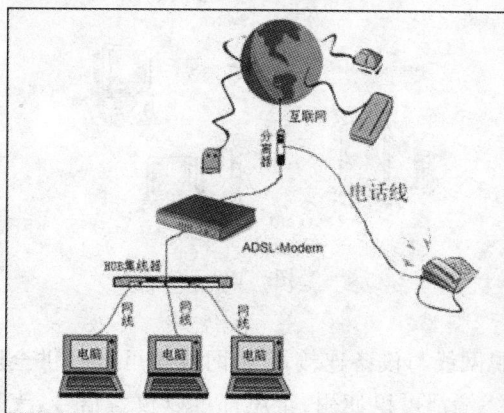

图 3-2

②光纤宽带接入

通过光纤接入到小区节点或楼道,再由网线连接到各个共享点上。光纤(一般不超过 100 米)提供一定区域的高速互联接入。其特点是速率高,抗干扰能力强,适用于家庭、个人或各类企事业团体,可以实现各类高速率的互联网应用(视频服务、高速数据传输、远程交互等),是目前应用最广泛的互联网接入方式。光纤形状如图 3-3 所示。

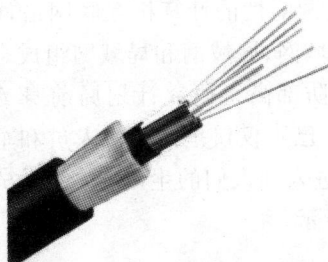

图 3-3

小贴士:调查一下你所在的城市有那些互联网供应商(联通、移动、电信、铁通等),使用价格谁最便宜,谁的网速最快。

③WIFI 上网

WIFI 就是一种无线联网的技术(俗称:无线宽带),现在的移动终端(手提电脑,平板,智能手机,MP4)基本上都可以接收 WIFI 信号,接入 WIFI 完全免费,WIFI 基本上分公用和私人用,现在的一线城市都会普及 WIFI 信号,只要打开 WIFI 接收装置就会自动扫描附近 WIFI,公用 WIFI 范围比较广而免密码可随便连接,私人用 WIFI 基本都加密。现在家庭装网线都会用 WIFI 无线路由器,如图 3-4 所示。

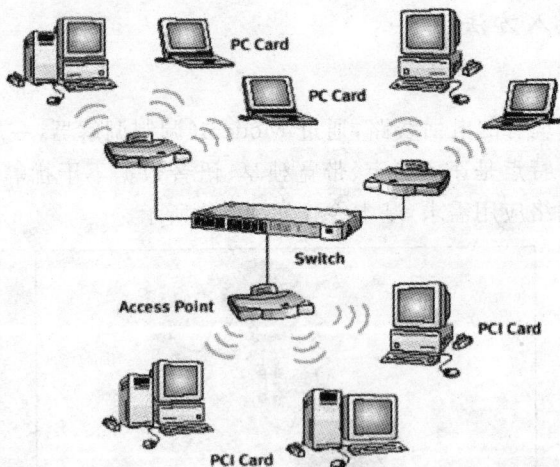

图 3-4

WIFI 优点是完全摆脱网线与设备连接,1 条网线就可以提供全屋所有无线设备上网,任何带 WIFI 接收装置移动终端都可以使用,全屋都可以覆盖信号,支持多设备同时连接,支持光纤速度传输。

子任务 1.2　打开 Internet Explorer(IE)并进行设置

1. 启动 IE8.0

双击桌面上 IE 图标或单击任务栏上的 IE 图标或在开始菜单上选择"Internet Explorer"命令,将启动 IE8.0,如图 3-5 所示。

桌面 IE 图标

任务栏 IE 图标

图 3-5

IE 启动后,默认的主页为 hao123 网站,界面如图 3-6 所示。

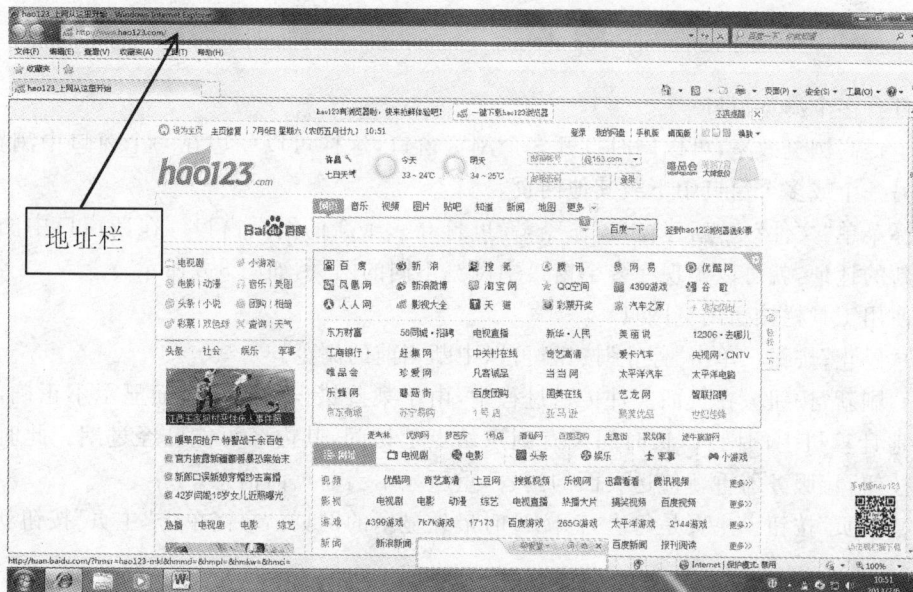

地址栏

图 3-6

2. 多种方法浏览 Internet

通过 IE 浏览器可以很方便地浏览 Internet 上的资源。下面是使用 IE 浏览 Internet 的常用方法。

①在 URL 地址栏中直接键入 URL 地址

Internet 上的每一个信息页都有它自己的地址,可以在地址栏中键入某已知地址,然后按回车键即可。

最常用的网址名称有 http://开关,如 http://www.qq.com,如图 3-7 所示。

图　3-7

②打开多个浏览窗口

为了提高浏览效率,可以同时打开多个浏览窗口,这样可以一边在一个窗口中浏览网页,一边在另一个或多个窗口中下载其他网页。

选择菜单"文件"→"新建窗口"命令,皆可打开一个新的网页窗口。在新窗口中的地址栏中输入新的地址,就可以实现在多个窗口中浏览不同的网页,如图 3-8 所示。

③使用工具栏按钮浏览网页

(1)"停止"按钮。单击"停止"按钮,可以中断当前的浏览。

(2)"刷新"按钮。在页面文件传送过程中,由于某些错误导致该页面显示不正确,或是下载到本地计算机上的网页,长时间没有到该站点上访问,其内容可能已经过期。此时可单击"刷新"按钮,让服务器重新传送页面的内容,重新显示当前页面信息。

(3)"主页"按钮。主页是每次打开 IE 时最先显示的网页。只需单击"主页"按钮就会返回该网页。

(4)"后退"按钮和"前进"按钮。在浏览过程中,随时可以在已经浏览过的网页之间进行跳转。

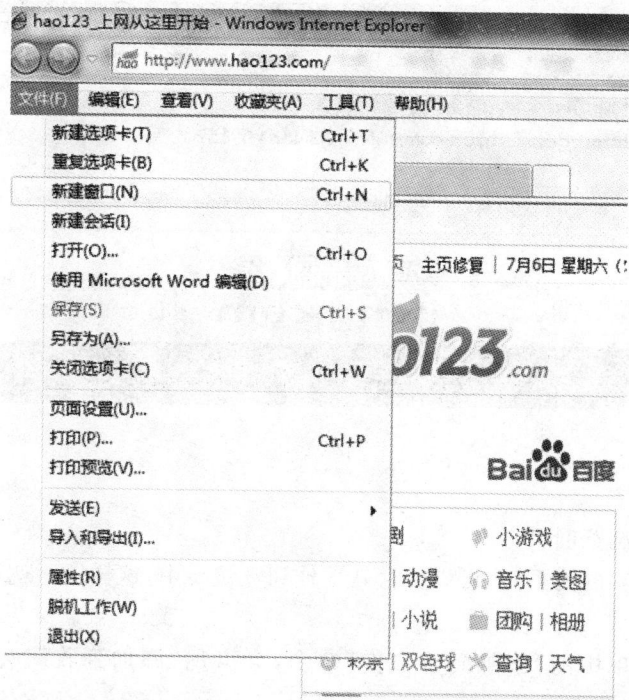

图 3-8

单击"后退"按钮,可以返回到在此之前显示的网页。单击"后退"按钮右侧的向下小箭头按钮,会出现一个下拉表,列出所有以前访问过的网址,选择其中的一个,就可以返回到该网页。

单击"前进"按钮,可以回到在单击"后退"按钮前查看的网页。单击"前进"按钮右侧的向下小箭头按钮,从出现的下拉表网址中选择一个,就可以跳转到该页面。如果没有使用过"后退"按钮,则"前进"按钮处于灰色不可用状态,如图3-9所示。

图 3-9

④通过地址栏下拉列表浏览网页

地址栏下拉列表中保存着最近访问过的网页的地址。单击地址栏右侧的箭头按钮,会出现地址栏下拉列表,如图3-10所示。在列表中选择需要的地址,就可以打开该网页进行浏览了。

图　3-10

⑤通过收藏夹浏览网页

浏览到自己喜欢的网页时,可以保存其地址到收藏夹中,这样以后就可以轻松打开这些网页进行浏览。

选择"收藏"菜单中的"添加到收藏夹"命令,会出现"添加到收藏夹"对话框,如图 3-11所示。

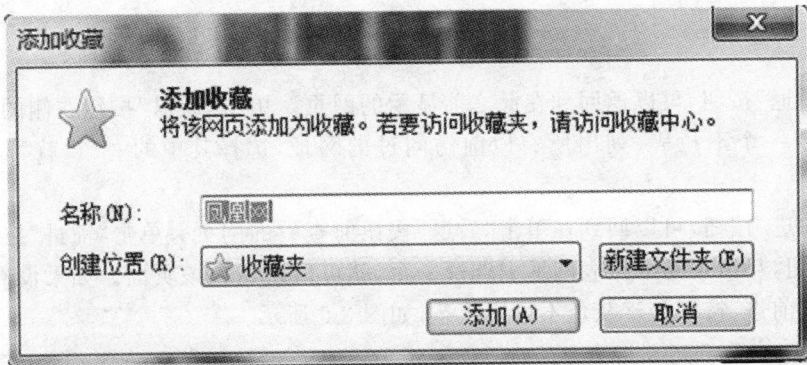

图　3-11

需要浏览该页面时,只要在工具栏上单击"收藏夹"按钮,并从收藏夹列表中选择即可。

3. 设置 IE

如果对 IE 的默认设置不满意,可以在 IE 窗口中选择"工具" → "Internet 选项"命令(如图 3-12 所示),显示"Internet 选项"对话框(如图 3-13 所示),通过此对话框的 7 个选项卡进行浏览器的设置。

图 3-12

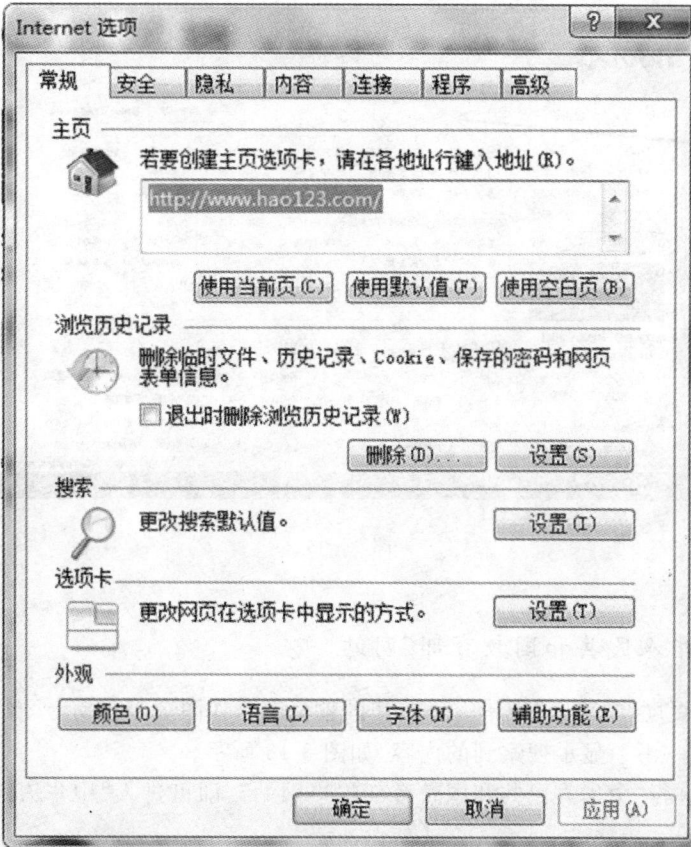

图 3-13

子任务 1.3　浏览中华人民共和国教育部网站

1.搜索引擎

要浏览教育部网站有两种方法可以找到它，一个是知道教育部网站的网址，那么就在 IE 浏览器的地址栏中直接输入网址就可以了，另一种情况是想浏览一个网站时，根本不知道它的网址，这时候就需要使用搜索引擎了。

搜索引擎是一些在网络中主动搜索信息，并将其自动索引的网站，它也有固定网址。目前最常见搜索引擎有：google（谷歌）（http：//www. google. com）、百度（http：//baidu. com）、搜狗（http：//www. sogou. com）、雅虎（http：//www. yhoo. com）、北大天网（http：//www. pku. edu. cn）等。此外，还有一些专用的搜索引擎，如电影、电子杂志和学术论文的搜索引擎。

Hao123 网站首页上就是百度搜索引擎，如图 3-14 所示。

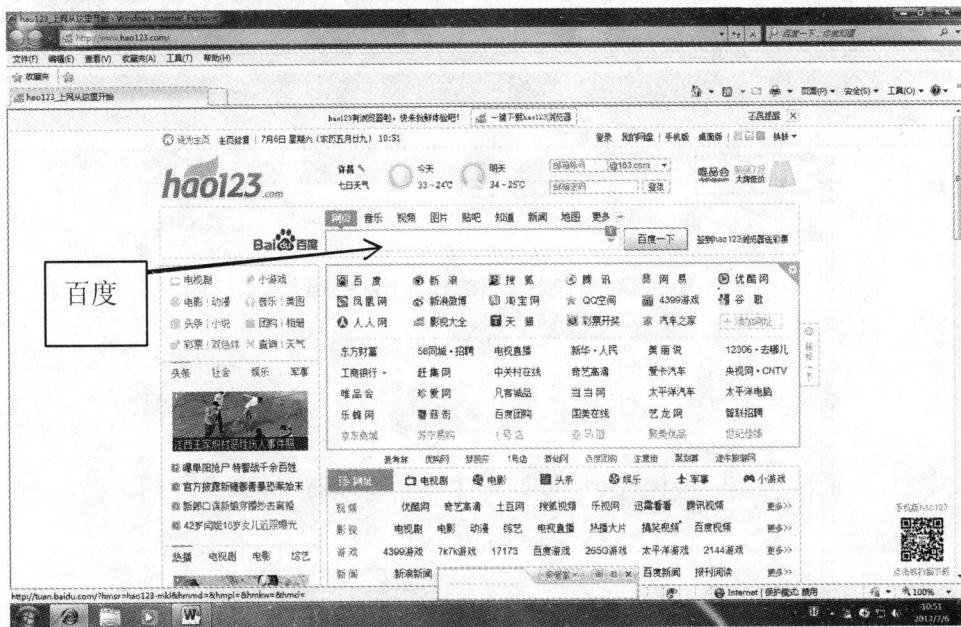

图　3-14

2.搜索"中华人民共和国教育部"网站

打开 IE，在"百度"中输入"中华人民共和国教育部"，如图 3-15 所示。

然后点"百度一下"，显示搜索到的内容，如图 3-16 所示。

最后单击第一行"中华人民共和国教育部门户网站"，即可进入"中华人民共和国教育部"网站，如图 3-17 所示。

小贴士：这时候，你已经学会了查找任何你想浏览的网站了。请同学们注意的是，百度搜索引擎里还区分了"网页"、"音乐"、"视频"、"图片"、"贴吧"、"新闻"等专项搜索，可以更快速准确地为我们提供搜索服务，例如我们想在网上看电影《致青春》，我们就可单击"视频"，然后输入"致青春"就可以找到我们想看的电影了，如图 3-18 所示。

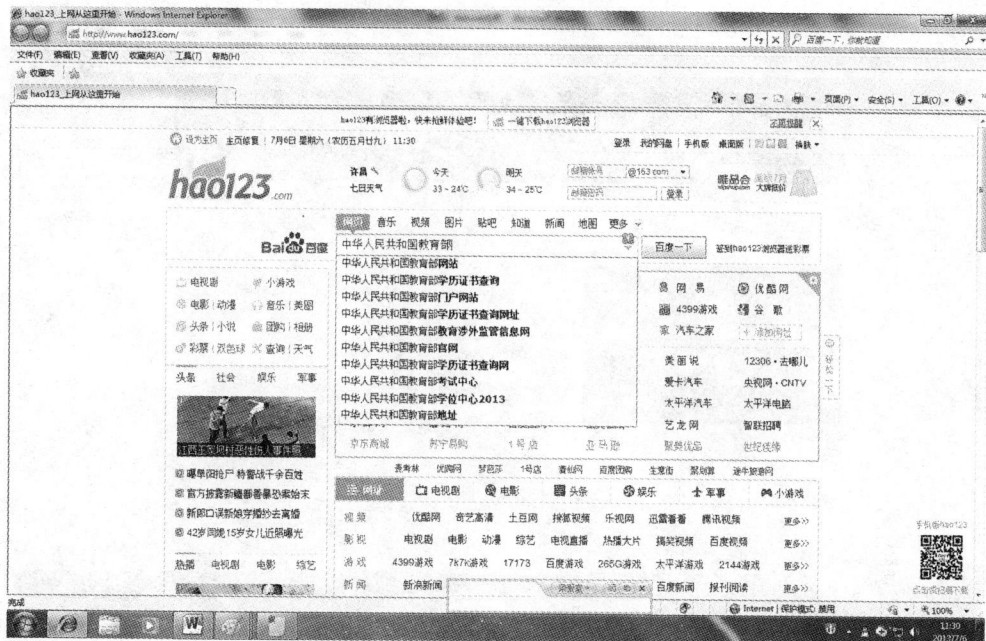

图　　3-15

图　　3-16

图　3-17

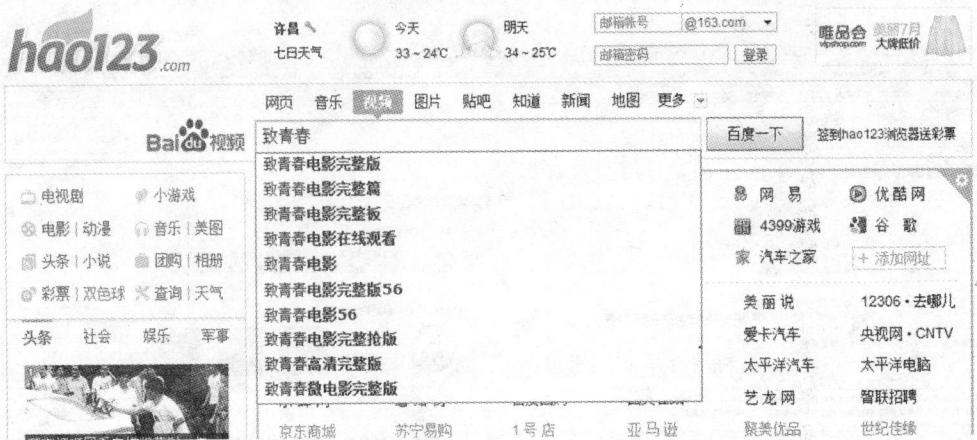

图　3-18

任务检验:学生复述中华人民共和国教育部网站首页主要新闻。

任务 2　收发电子邮件

任务目的

学会申请免费电子邮箱、收发电子邮件

任务内容

通过申请 163 免费邮箱,学会免费邮箱申请方法;有了自己的邮箱后,可以接收别人发给自己的邮件,也可以给别人发送电子邮件。有以下 3 个子任务:

子任务 2.1　申请 126 免费邮箱

子任务 2.2　给老师发一封汇报学习心得和上交作业的邮件

子任务 2.3　查收别人发给自己的邮件

任务实施

子任务 2.1　申请 126 免费邮箱

很多网站提供了免费的电子邮箱服务,只要能访问这些站点的免费电子邮箱服务网页就可以免费建立并使用自己的电子邮箱。

打开 IE,在地址栏中输入 126 免费邮箱的网址:http://www.126.com,打开"126 免费邮—你的专业电子邮局"页面,如图 3-19 所示。

图　3-19

单击"注册"进入免费邮箱注册窗口,如图 3-20 所示。

选择"注册字母邮箱",输入相应内容。我们要注册的邮箱是:xcitc2013@126.com,最后单击"立即注册",进入如图 3-21 所示页面。

输入本人手机号码,并获得验证码后提交,或直接进入新邮箱,如图 3-22 所示。这样,我们的新邮箱就申请好了。

任务检验:让学生选择一种适合自己的输入法,在记事本中完成文字输入练习任务。

图　3-20

图　3-21

图　3-22

子任务 2.2　给老师发一封汇报学习心得和上交作业的邮件

在 IE 地址栏中输入自己的邮箱服务器地址：http://www.126.com，这样就进入了邮箱登录界面，如图 3-23 所示。

图　3-23

输入自己的邮箱名称：xcitc2013，然后输入密码就进入了自己的邮箱，如图 3-24 所示。

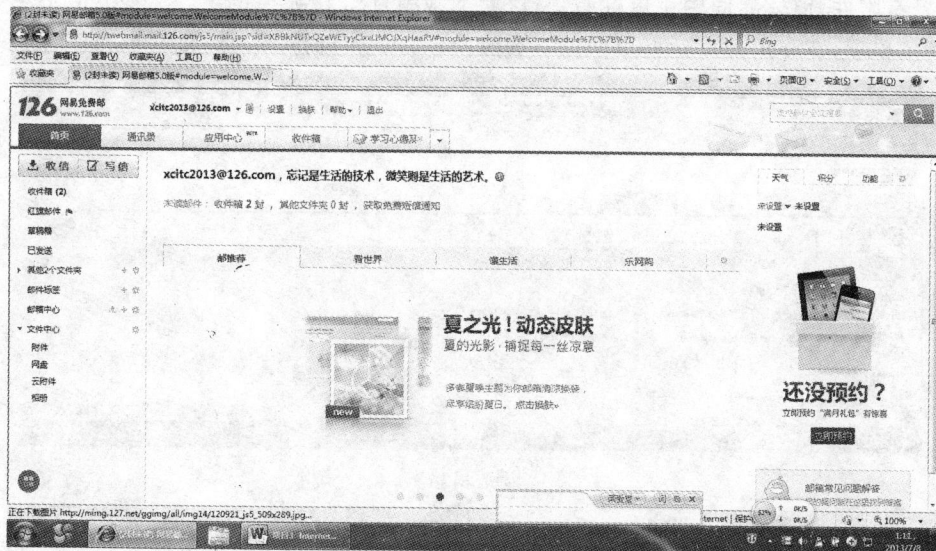

图 3-24

单击"写信"，进入写信界面，依次输入收件人，即老师的电子邮箱，假设老师的电子邮箱是 xcduyuhe@126.com，然后主题、信件内容，添加附件后点"发送"即可，如图 3-25 所示。期末作业要当成附件发送。

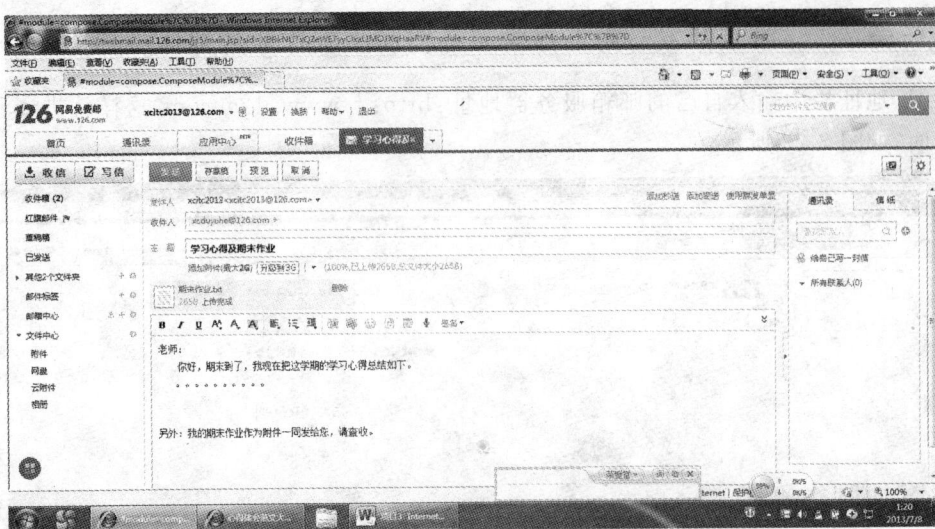

图　3-25

子任务 2.3　查收别人发给自己的邮件

正确登录免费电子邮箱后,进入邮箱界面会自动与邮件服务器连接,把所有新邮件默认显示到"收件箱"中。

要阅读邮件,只需单击邮件列表的各项即可,收件箱中所有的邮件就出现在窗口右侧的邮件列表中,且未读的邮件以粗体表示。如果邮件列表右侧有"曲别针"图案,则表示此邮件有附件。

如果有附件,窗体界面中用鼠标右键点击"下载附件",在弹出的下拉式菜单中选择"目标另存为"菜单项,在弹出的对话框里选择下载的位置,单击"确定"即可,如图 3-26 所示。

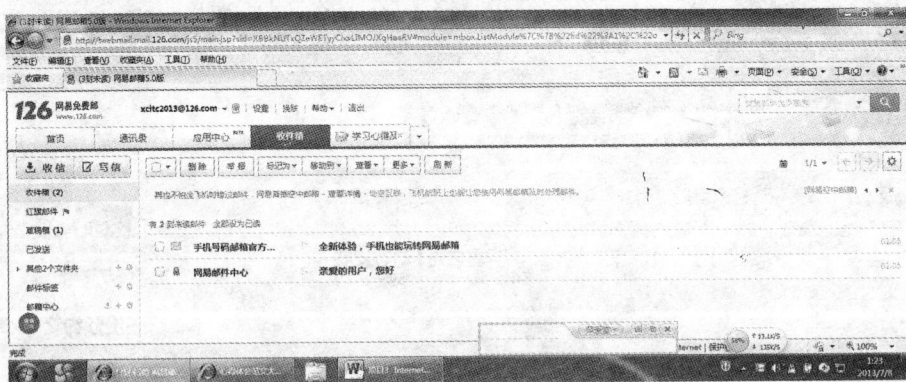

图　3-26

任务检验:让老师公布自己的邮箱,要求学生给自己发一封带附件的邮件。

任务 3　下载《国歌》

下载(download)就是把服务器上或者网络中其他主机中的文件保存在自己机器上的一

种行为。下载操作可以直接在网页上下载自己需要的东西,也可以使用下载工具更快速地下载。常用的下载工具有 Flashget(网际快车)、迅雷、Neants(网络蚂蚁)、eMule(电骡)等。

1.打开百度,查找国歌

打开百度首页,选择"音乐",然后在搜索栏中输入"国歌",如图 3-27 所示。

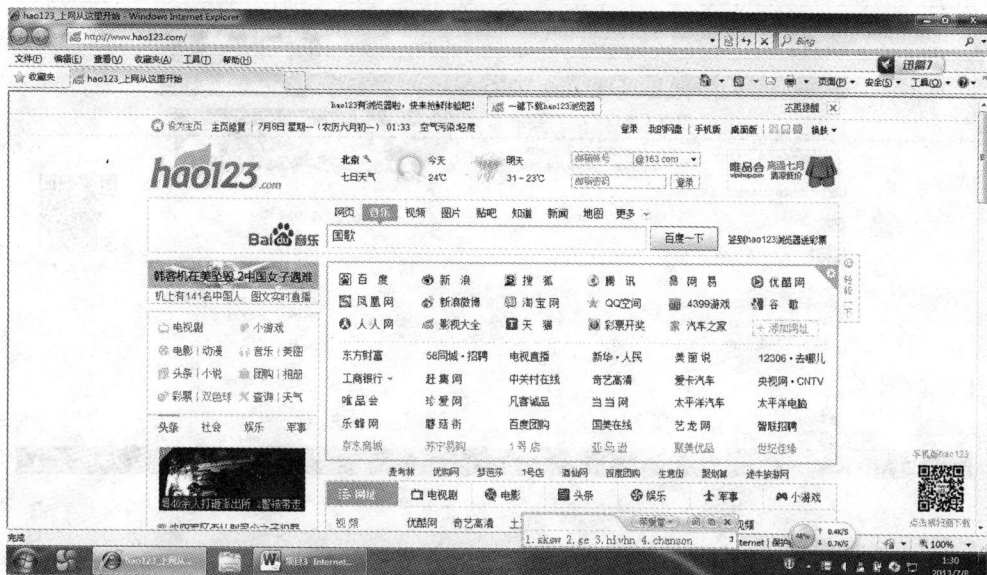

图　3-27

2.查看搜索《国歌》结果

寻找并辨别我们想要的结果,第一条就是我们想要的内容,如图 3-28 所示。

图　3-28

3.下载《国歌》

单击第一行我们需要下载的内容,进入《国歌》下载页面,如图 3-29 所示。

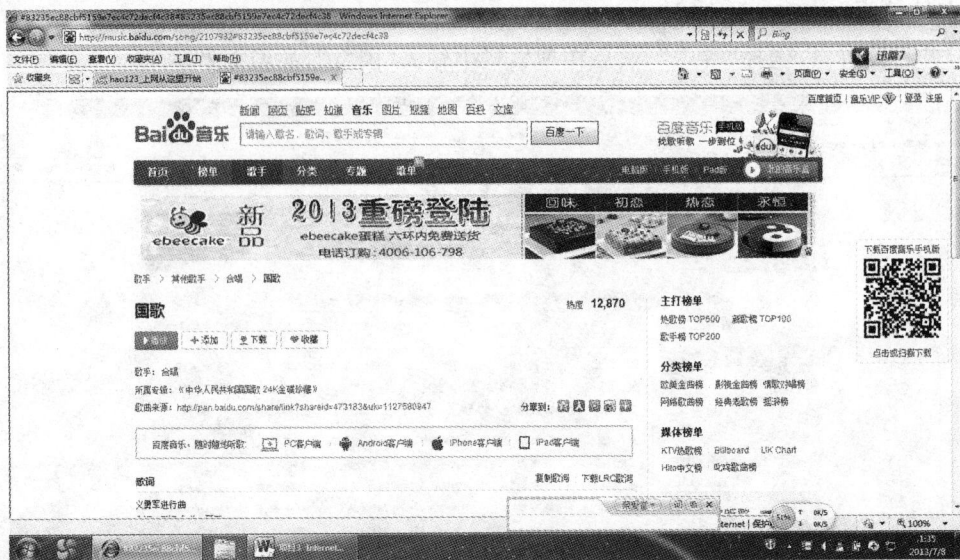

图　3-29

　　按网上要求一步步操作直至出现"迅雷下载"为我们下载《国歌》,单击"立即下载"便可把国歌下载到桌面上了。当然也可以下载到其他位置,如图 3-30 所示。

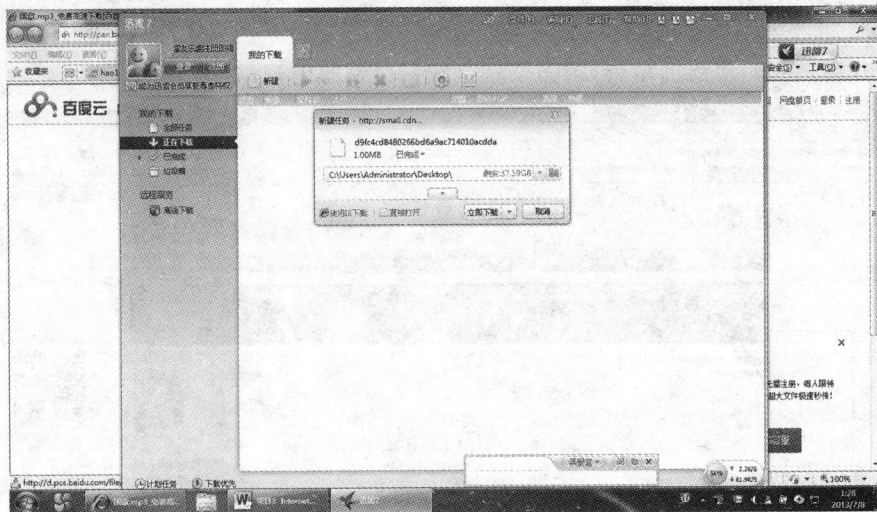

图　3-30

任务检验:播放下载的《国歌》。

项目 4 使用工具软件

项目说明

工具软件是指人们为更方便、更快捷、更安全地使用计算机而开发的功能不同、作用各异的软件,这些软件在我们使用电脑过程中发挥着重要的作用,是我们必须掌握的工具。

本项目从 360 安全卫士和 360 杀毒软件、压缩与解压缩软件 WinRAR、文件下载工具迅雷等几个典型的工具软件使用入手,通过几项工作任务的完成,快速掌握工具软件的安装和使用。

知识目标

掌握 360 安全卫士休检、查杀木马、系统修复和优化加速等操作方法

掌握 360 杀毒软件杀毒的方法

掌握 WinRAR 压缩和解压文件或文件夹的方法

掌握迅雷的安装和使用方法

能力目标

会使用 360 安全卫士体检电脑、查杀木马、修复系统和加速电脑等

会使用 360 杀毒软件查杀电脑病毒

能使用 WinRAR 创建压缩文件和解压文件

能使用迅雷下载各种文件和资源

项目分解

任务 1　使用 360 安全卫士维护电脑

任务 2　使用 360 杀毒软件查杀电脑病毒

任务 3　使用 WinRAR 创建压缩文件和解压文件

任务 4　下载并播放《开国大业》

任务 1　使用 360 安全卫士维护电脑

任务目的

下载、安装 360 安全卫士,使用 360 安全卫士对电脑进行维护。

任务内容

首先利用百度搜到最新版本的 360 安全卫士,找到后进行下载,然后安装 360 安全卫士,安装完毕即可使用 360 安全卫士对电脑进行进行体检、查杀木马、系统修复和优化加速等操作。其有 5 个子任务:

子任务 1.1　在互联网上搜索并下载 360 安全卫士并安装

子任务 1.2　使用 360 安全卫士对电脑体验

子任务 1.3　使用 360 安全卫士查杀木马

子任务 1.4　使用 360 安全卫士清理电脑垃圾

子任务 1.5　使用 360 安全卫士对电脑优化加速

任务实施

子任务 1.1　在互联网上搜索并下载 360 安全卫士并安装

随着网络的普及,使用电脑上网的人越来越多,电脑病毒木马也开始肆意蔓延,给很多个人和企业带来了麻烦,甚至造成了严重的经济损失。因此,杀毒软件便成为个人和企业安全上网不可或缺的工具。

360 安全卫士是一款由奇虎网推出的功能强、效果好、受用户欢迎的上网安全软件。360 安全卫士拥有查杀木马、杀毒、清理插件、修复漏洞、电脑体检、保护隐私等多种功能。由于 360 安全卫士使用极其方便实用,用户口碑极佳,目前在 4.2 亿中国网民中,首选安装 360 安全卫士的已超过 3 亿

1.利用百度搜索并下载 360 安全卫士

在百度搜索栏中输入"360",百度将显示与数字"360"有关的内容,如图 4-1 所示。

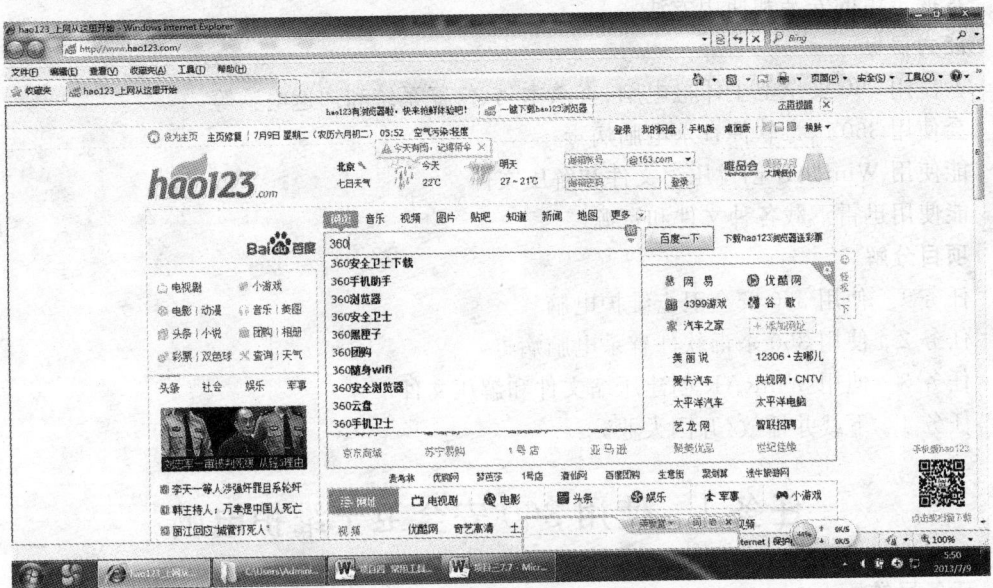

图　4-1

其中第一项即是"360 安全卫士下载"选项,单击后显示百度搜索到的与 360 安全卫士下载有关的所有内容,如图 4-2 所示。

其中第一个搜索结果显示"360 安全卫士最新官方版下载_hao123 软件",意思是这里是 hao123 网站中的 360 安全卫士下载,不是 360 安全卫士官网;第二搜索结果前面带有 360 标识,应该是 360 官网,我们打开,显示如图 4-3 所示,正是 360 官网。我们可以看到 360 安全卫士的最新版是 v9.1.0.2001 版本。

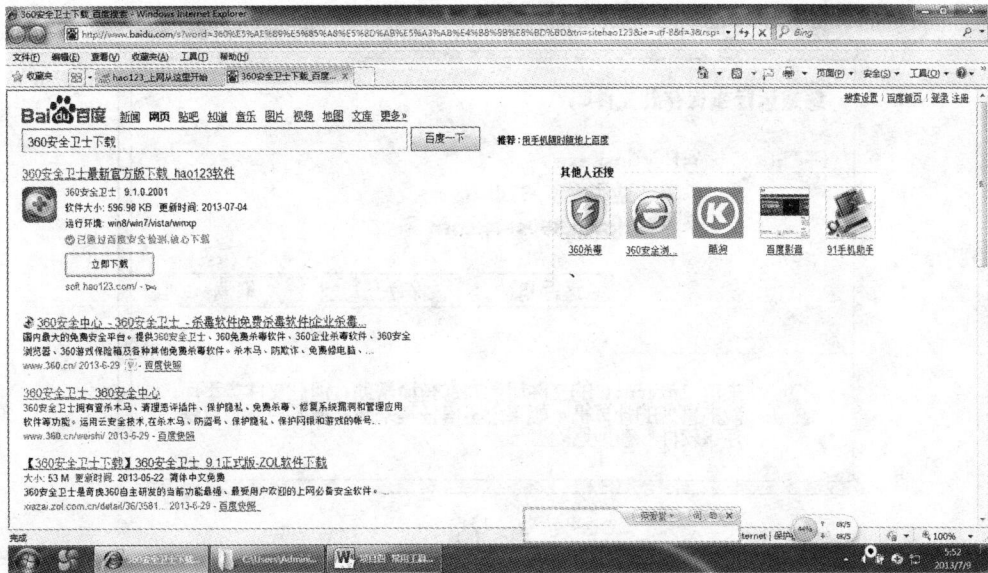

图　4-2

图　4-3

其中有 360 各种工具软件的下载，我们单击"360 安全卫士"的"下载"项，屏幕提示是不保存下载内容，即是否下载 360 安全卫士的安装程序，名称为"inst.ese"，如图 4-4 所示。

我们点击"保存"，屏幕显示"另存为"对话框，让我们确定保存的位置和名称，选择存在对话框左测选择保存在"桌面"，保存的文件名按默认的名称"inst"，最后点"保存"，如图 4-5 所示。

图　4-4

图　4-5

　　系统开始下载,如图 4-6 所示。

　　下载完毕后,我们关闭 IE 浏览器,就会在桌面上看到下载的 360 安全卫系安装文件"inst",如图 4-7 所示。

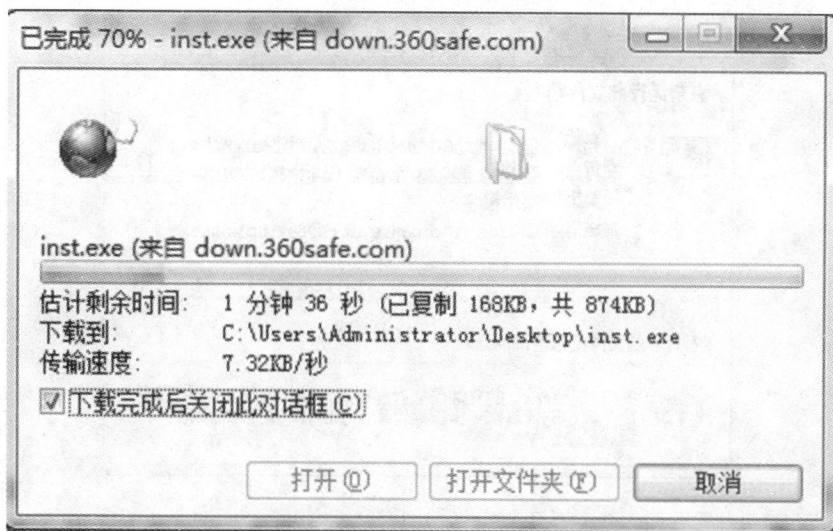

图　4-6

图　4-7

2. 安装 360 安全卫士

双击桌面上的 360 安全卫士安装程序"inst",系统进行安全提示,如图 4-8 所示。

单击"运行"按钮,进入 360 安装界面,首先提示是否安装,如图 4-9 所示。

我们单击"立即安装",安装系统自动下载并安装 360 安全卫士,安装完毕自动对电脑进行体检,最后报告体检结果,如图 4-10 所示。

图　4-8

图　4-9

图　4-10

此时,360 安全卫士已经安装完毕,我们可以单击"一键修复"功能修复电脑的漏洞,或先关闭 360 安全卫士页面,随后再体检和修复。

需要注意的是,此时我们虽然关闭了 360 安全卫士的界面,但并未真正关闭 360 安全卫士,它依然在后台运行,随时保卫我们的电脑。我们可以在桌面右下角看到 360 安全卫士的运行图标,同时可以看到开始菜单和桌面上都有 360 安全卫士图标。

小贴士:

①360 安装文件使用完毕就可以从桌面删除了,方法还记得吗? 自己动手试试一次删除两个安装文件"inst"和"setup_9.1.0.2001w",后面一个是刚才下载的安装程序。

②同学们可能注意到了我们下载和安装 360 安全卫士过程及安装后的界面中有很多广告,这个是自然的了,因为我们是免费使用的,开发 360 的人也要生活,加点广告正常啊!

子任务 1.2　使用 360 安全卫士对电脑体验

我们安装 360 安全卫士后,每次开机 360 安全卫士都会自动启动运行,随时保护着我们的电脑,同时桌面右下角有 360 安全卫士图标,我们单击该图标就会启动 360 安全卫士主程序界面,如图 4-11 所示。

图　4-11

在"电脑体检"选项卡中单击"立即体检"按钮,即开始对我们的电脑进行体检,体检完毕提示体检结果,如图 4-10 所示。

单击"一键修复",360 安全卫士开始修复电脑存在的问题,如图 4-12 所示。

有些系统修复项目为了完成修复,需要重新启动电脑,如图 4-13 所示。

单击"是",系统自动重新启动,完成剩余的修复工作。

图　4-12

图　4-13

子任务 1.3　使用 360 安全卫士查杀木马

木马是恶意非法程序,该程序通常包含在合法程序中,在不被用户知情的情况下执行,可记录用户的键盘录入,盗取用户的银行账户和密码等信息,并将其发送给攻击者。

360 安全卫士的查杀木马功能在拦截和查杀木马的效果、速度以及专业性上表现出色,能有效防止个人数据和隐私被木马窃取。

启动 360 安全卫士主程序界面以后,单击"查杀木马"选项卡,如图 14-4 所示。

图　4-14

单击"快速扫描"按钮,可以扫描系统内存、启动对象等关键位置,速度较快,如图 4-15 所示。

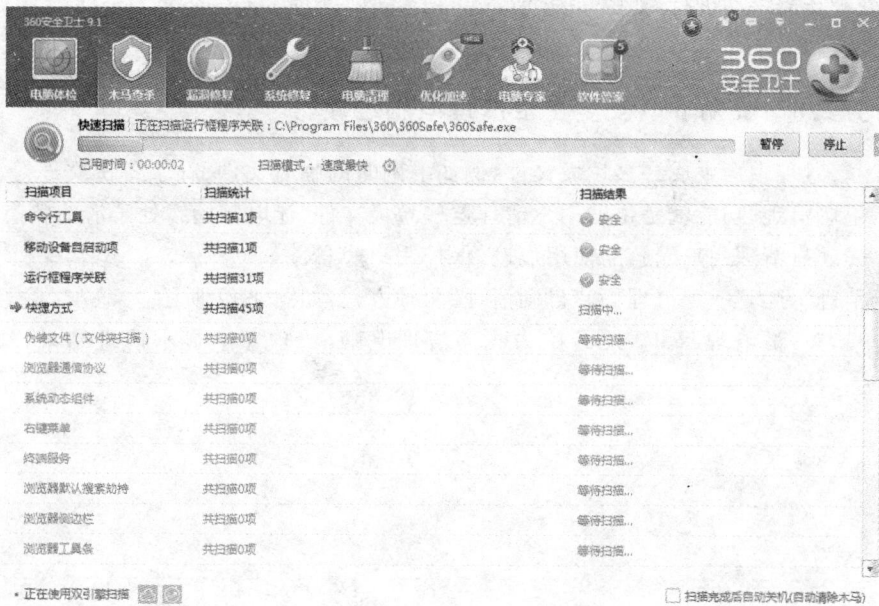

图　4-15

扫描完毕,显示扫描结果,如图 4-16 所示。

图　4-16

在查杀过程中,360 安全卫士对发现的木马处理以后,被处理的文件都做了安全备份,可以在此将其彻底删除之前恢复到处理前的状态。

有的处理还需手动进行,如图 4-16 所示,单击"立即处理",360 安全卫士便会自动处理对电脑的安全威胁。

子任务 1.4　使用 360 安全士卫清理电脑垃圾

电脑运行过程中会生成许多垃圾文件,例如上网时的临时文件、补丁备份文件等。360 安全卫士的"电脑清理"功能就是帮助用户清理这些垃圾文件,让电脑始终处于清洁状态,保持高的工作效率,还有清理用户电脑的使用痕迹,保护用户隐私。

"电脑清理"分为"一键清理"和"自动清理"两种方式,如图 4-17 所示。

我们单击"一键清理",360 便开始为我们清理电脑,清理完毕显示清理结果,如图 4-18所示。

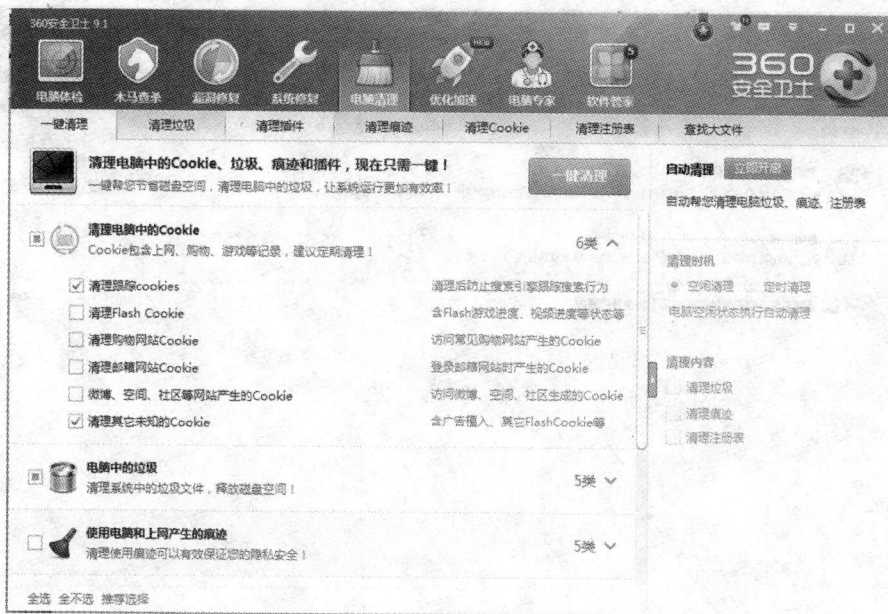

图   4-17

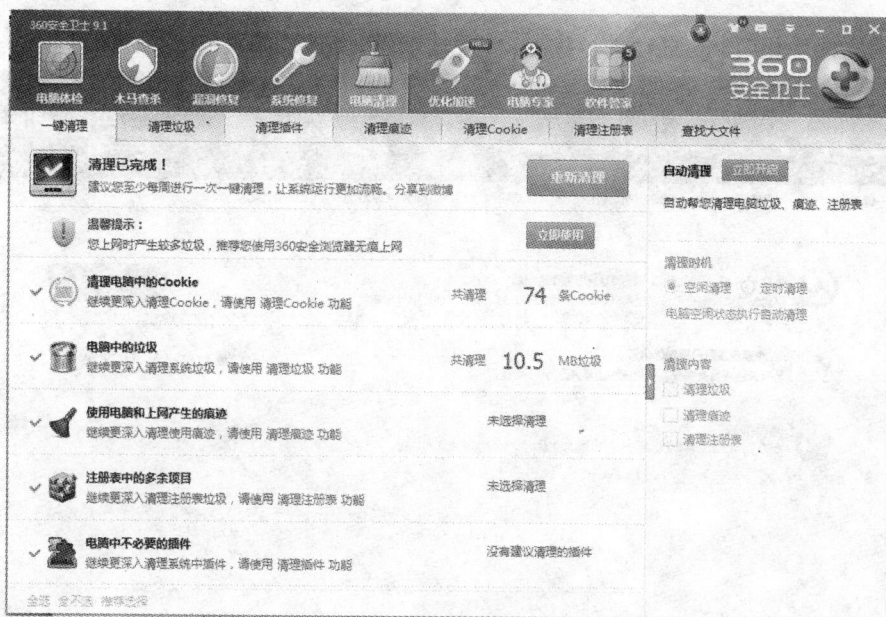

图   4-18

子任务 1.5   使用 360 对电脑优化加速

360 优化加速是整理和关闭一些电脑不必要的启动项、垃圾文件、优化系统设置、内存配置、应用软件服务、系统服务,以达到电脑干净整洁,运行速度提升的效果。

单击"优化加速",360 自动对电脑进行优化,优化后显示可优化项目,如图 4-19 所示。

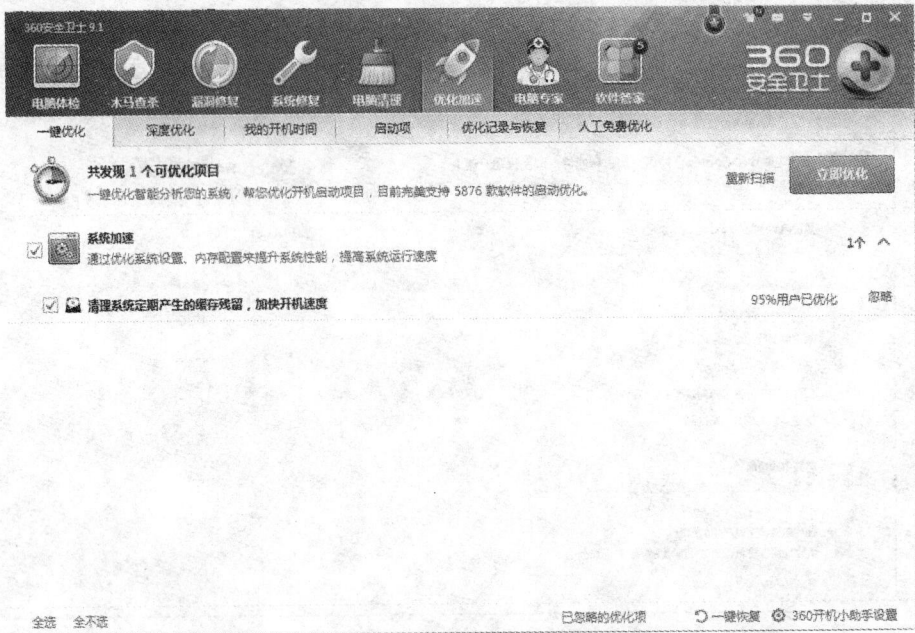

图　4-19

单击"立即优化",360 自动进行优化,最后显示优化结果,如图 4-20 所示。

图　4-20

任务检验:下载并安装 360,安装后使用 360 对电脑进行体检、查杀木马、系统修复和优化加速等操作。

任务 2　使用 360 杀毒软件查杀电脑病毒

任务目的

下载、安装 360 杀毒软件并查杀电脑病毒。

任务内容

首先利用百度搜索最新版本的 360 病毒软件,然后下载并安装 360 病毒软件,安装完毕使用 360 病毒软年查杀电脑病毒。有以下 3 个子任务:

子任务 2.1　认识电脑病毒

子任务 2.2　在互联网上搜索并下载 360 病毒并安装

子任务 2.3　使用 360 病毒查杀电脑病毒

任务实施

子任务 2.1　认识电脑病毒

1. 电脑病毒的概念

病毒指编制者在计算机程序中插入的破坏计算机功能或者破坏数据,影响计算机使用并且能够自我复制的一组计算机指令或者程序代码。计算机病毒具有破坏性,复制性和传染性。

在病毒的发展史上,病毒的出现是有规律的,一般情况下一种新的病毒技术出现后,病毒迅速发展,接着反病毒技术的发展会抑制其流传。

2. 木马和病毒的联系与区别

木马和病毒都是一种人为的程序,都属于电脑病毒。

木马病毒不同于一般病毒,它是一种程序,通过网络连接你的机器。用它的程序更改系统中的应用程序。木马病毒源自古希腊特洛伊战争中著名的"木马计"而得名,顾名思义就是一种伪装潜伏的网络病毒,等待时机成熟就出来害人。

木马的隐藏性很强,占用系统资源很多,不像一般病毒那样容易发现,不像病毒那样容易清除,所以一般来说木马刚开始人们不易觉察到,杀毒软件也对其无能为力,慢慢发现系统运行越来越慢,直到系统崩溃。杀毒软件只能查杀到知名的木马病毒。所以要清除木马病毒必须得用专杀木马的工具。

3. 病毒和木马的查杀

病毒和木马的查杀要用专门的杀毒软件和木马查杀软件进行,常用的杀毒软件国产里面最常见的有 360 杀毒、瑞星、金山毒霸、江民杀毒等等,国外的杀毒软件在中国最常用的有卡巴斯基、诺顿、east nod32、小红伞等。

360 杀毒是 360 安全中心出品的一款免费的云安全杀毒软件。360 杀毒具有以下优点:查杀率高、资源占用少、升级迅速等。同时,360 杀毒可以与其他杀毒软件共存,是一个理想的杀毒备选方案。

子任务 2.2　在互联网上搜索并下载 360 病毒并安装

同任务 1 中下载 360 安全卫士方法一样,下载并安装 360 病毒软件并安装,在这里不再一一详述,只按步聚列出每步操作的提示图。

步聚一,如图 4-21 所示。

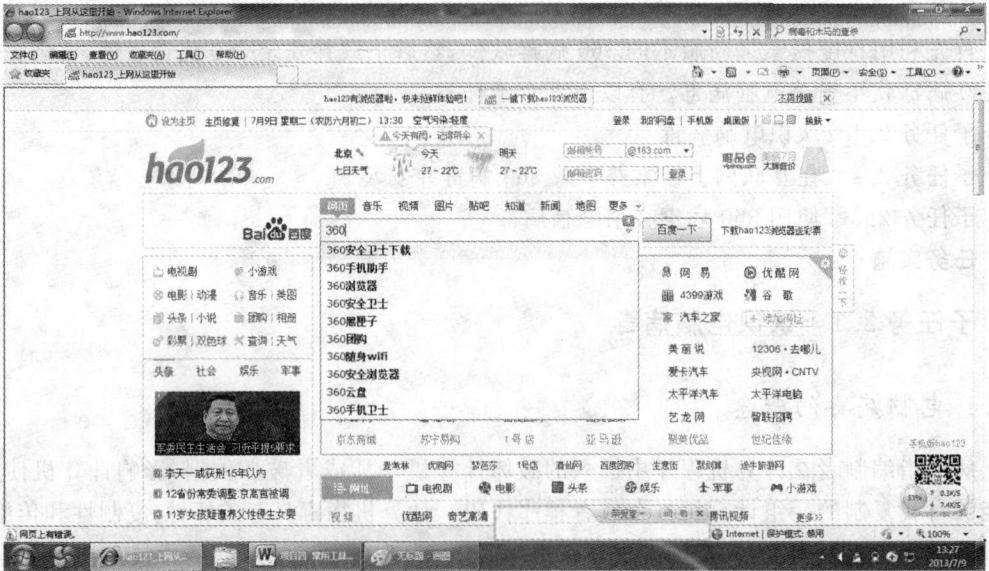

图　4-21

步聚二,如图 4-22 所示。

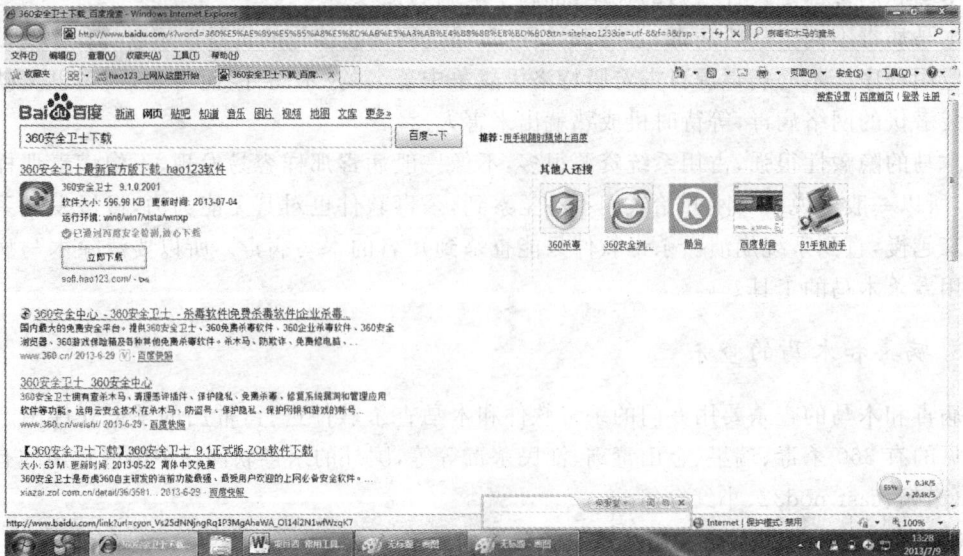

图　4-22

步聚三,如图 4-23 所示。

图　4-23

步聚四,如图 4-24 所示。

图　4-24

步聚五,如图 4-25 所示。

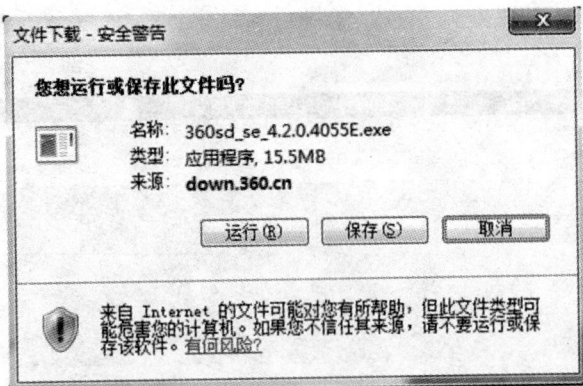

图　4-25

步聚六,如图 4-26 所示。

图　4-26

步聚七,如图 4-27 所示。

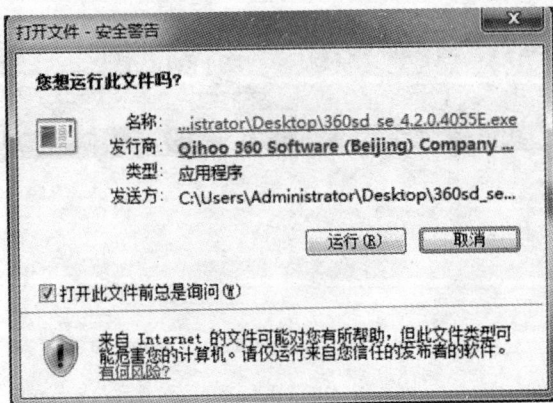

图　4-27

步聚八,如图 4-28 所示。

图   4-28

步聚九,如图 4-29 所示。

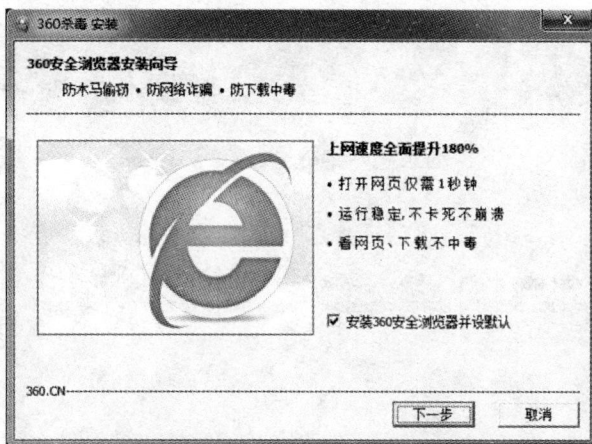

图   4-29

步聚十,如图 4-30 所示,安装完成。

图   4-30

子任务 2.3　使用 360 病毒查杀电脑病毒

可以从桌面快捷方式或开始菜单启动 360 杀毒软件。

在 360 杀毒程序界面中,有"快速扫描"、"全盘扫描"、"自定义扫描"三个选项,单击所选定的选项就可以对指定的目标进行杀毒。

我们采用快速扫描的方式查杀电脑病毒,单击"快速扫描",360 杀毒软年便开始查找病毒,如图 4-31 所示。

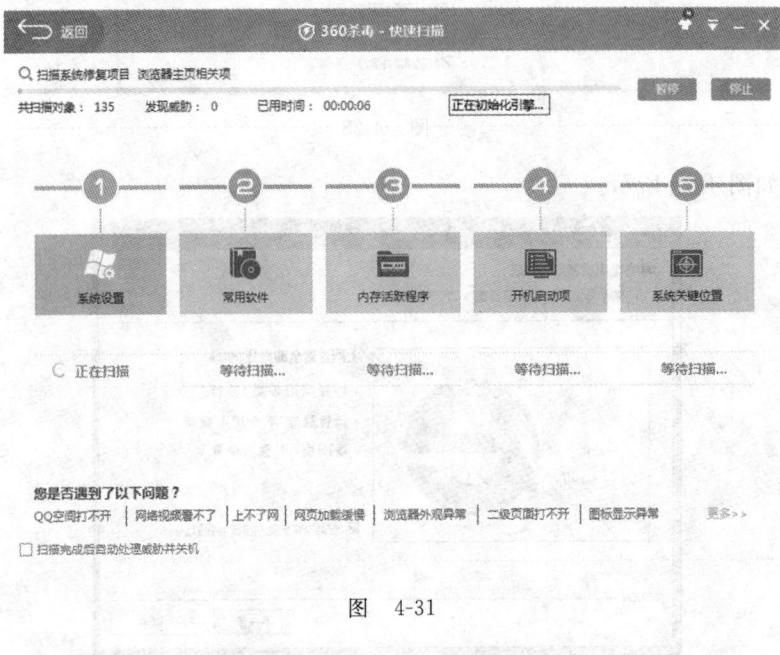

图　4-31

扫描完毕,系统提示扫描结果并等待用户选择处理办法,如图 4-32 所示。

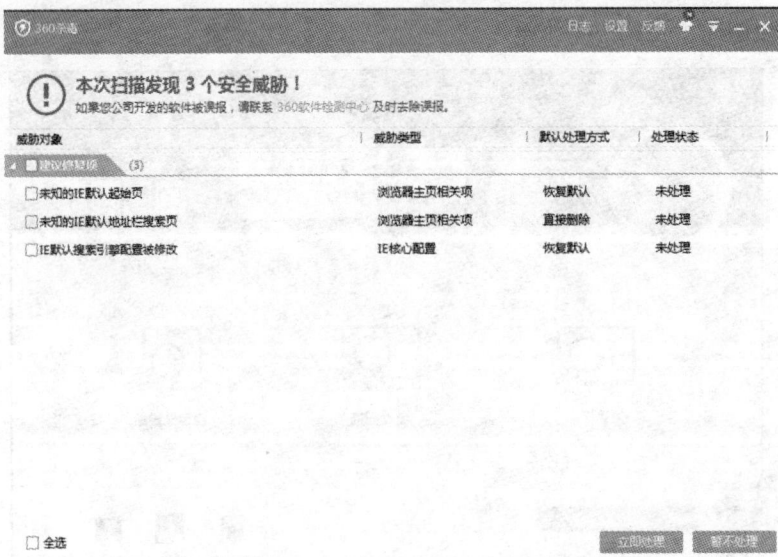

图　4-32

选择"全选",然后选择"立即处理",360 自动处理后报告处理结果,如图 4-33 所示。

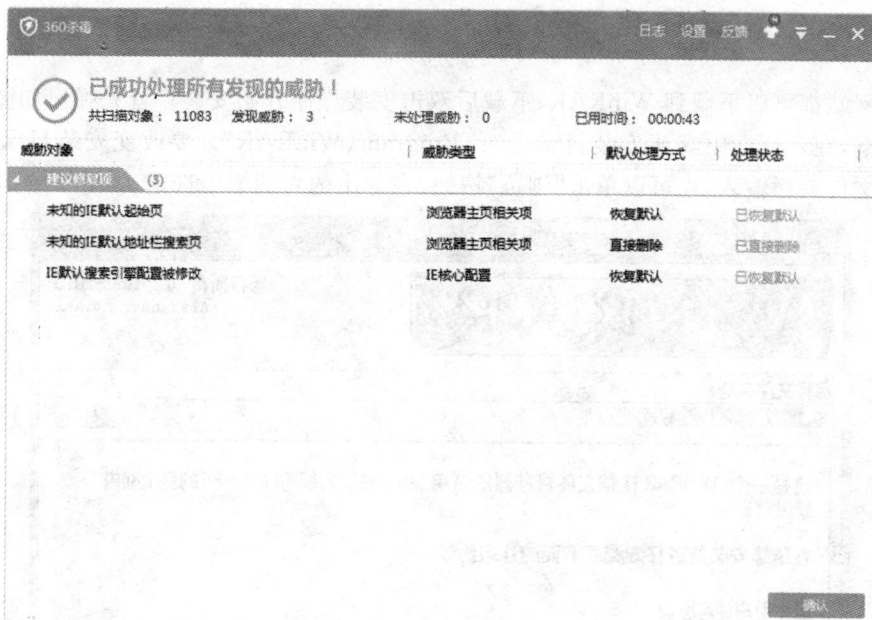

图　4-33

任务检验:下载并安装 360 杀毒软件,安装后使用 360 杀毒软件查杀病毒。

任务 3　使用 WinRAR 创建压缩文件和解压文件

任务目的

使用压缩软件压缩文件和文件夹,并能解压。

任务内容

使用 WinRAR 压缩单个文件、多个文件或文件夹,并能够正确解压。有以下 4 个子任务:

子任务 3.1　下载并安装压缩软件 WinRAR

子任务 3.2　在 E 盘压缩电影"蜘蛛侠 3"

子任务 3.3　在 E 盘压缩文件夹"延安照片"

子任务 3.4　把压缩的延安照片文件复制到 D 盘并解压

任务实施

子任务 3.1　下载并安装压缩软件 WinRAR

压缩文件和文件夹,可以减少它们所占用的磁盘空间,同时也便于文件的备份和储存,压缩软件一般能达到 50% 的压缩率。WinRAR 是文件压缩工具中最为流行的一种,是 Windows 环境下对 RAR 格式文件进行压缩和管理的程序软件,它界面友好、使用方便、压缩率高、速度快,还具有可分割压缩大型文件的功能。

常见的压缩格式有:ZIP、RAR、CAB、ACE、ISO 等,WinRAR 内置程序可以解开这些类型的压缩文件,可以说是一个万能解压软件。

1.输入安装目录

许多网站都可以下载到 WinRAR,下载后双击安装程序开始安装。首先弹出如图 4-34 所示的对话框,在对话框中默认安装目录是":\Program\WinRAR"。要改变安装目录,可以直接在目标文件夹栏输入,也可以单击"浏览"按钮,在弹出的对话框中选定。

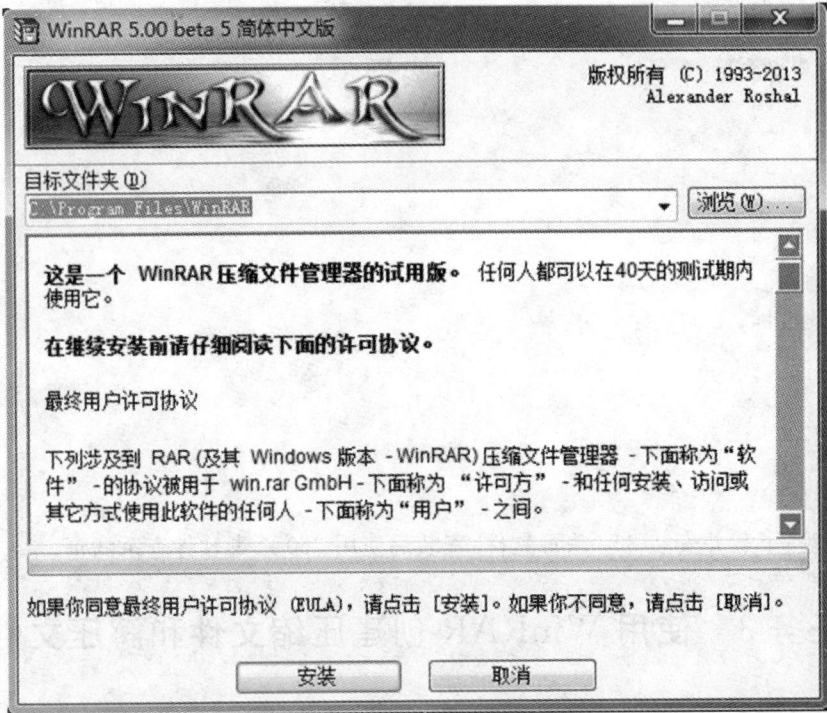

图 4-34

2.关联文件及界面的设置

单击"安装"按钮,然后弹出第二个对话框,如图 4-35 所示,对话框分三个部分,左边是"关联文件"对话框,如果你决定经常使用 WinRAR,可以与所有格式的文件创建联系。我们所有选项都默认,不加变动。

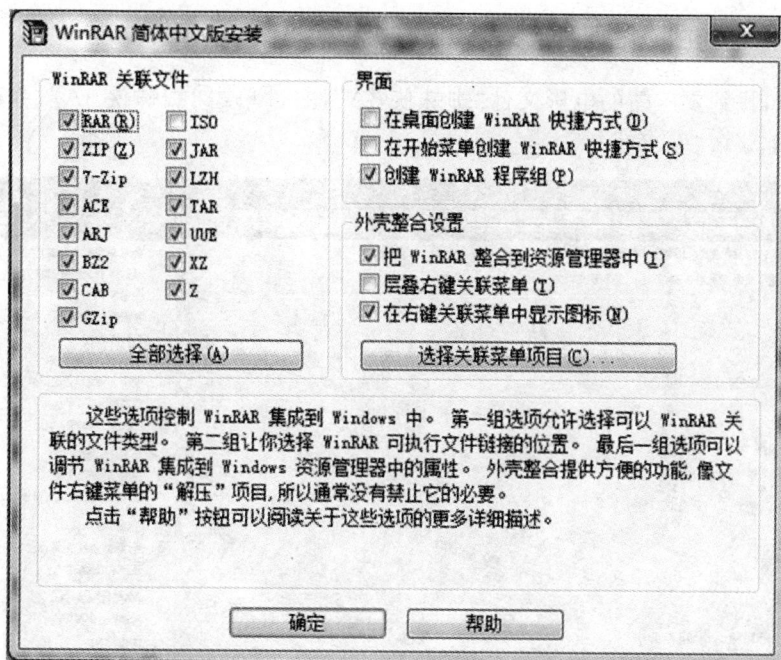

图　4-35

　　单击"确定",WinRAR 即安装完毕,显示安装感谢界面,如图 4-36 所示,单击确定完成安装。

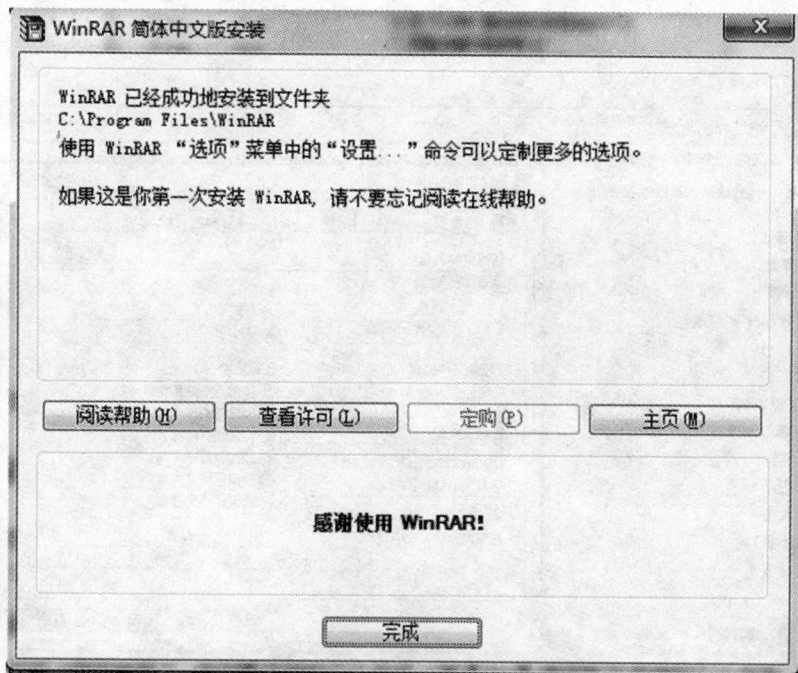

图　4-36

子任务 3.2　在 E 盘压缩电影"蜘蛛侠 3"

打开 E 盘,找到要压缩的电影文件"蜘蛛侠 3A",右键单击"蜘蛛侠 3A",弹出快捷菜单,如图 4-37 所示。

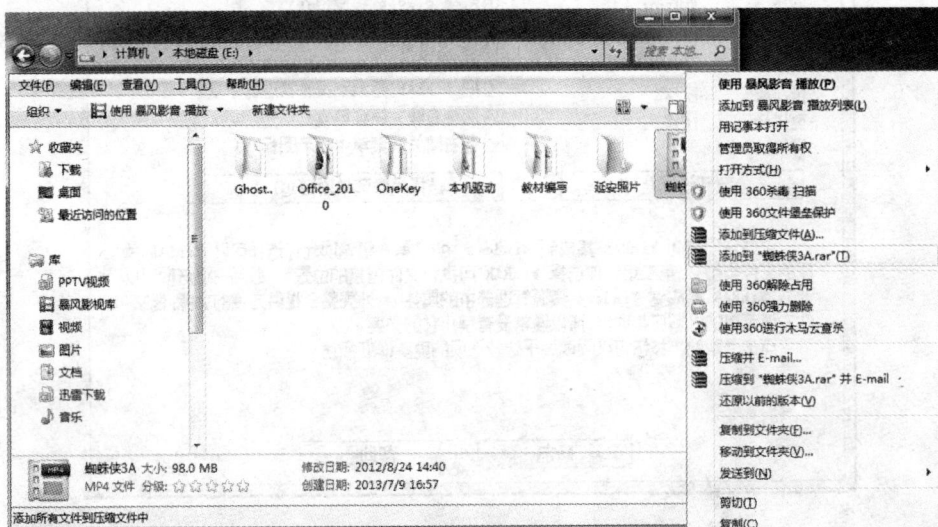

图　4-37

选择"添加到压缩文件(A)…"。

弹出如图 4-38 所示的窗口,默认生成的压缩文件名为原文件或文件夹名的压缩文件,扩展名为.rar,默认压缩文件存在当前目录下。

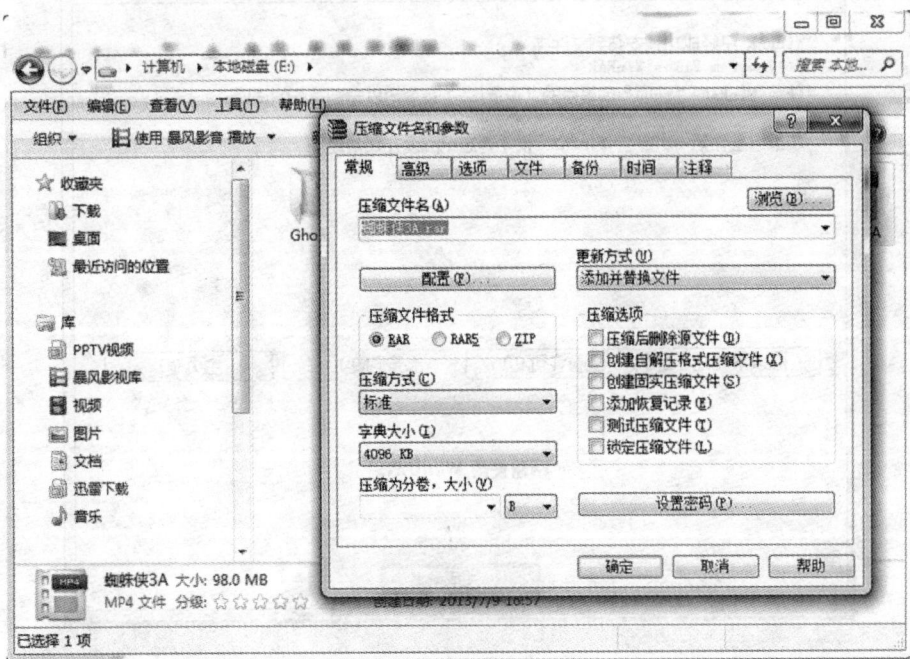

图　4-38

完成以后单击"确定"按钮，WinRAR 开始压缩文件，这个过程根据文件大小所需要时间不同，如图 4-39 所示。

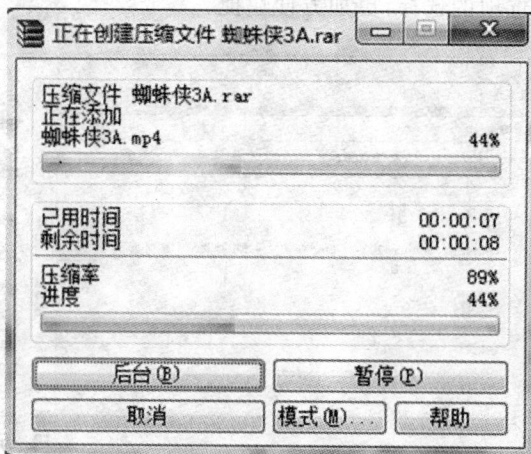

图 4-39

压缩完成以后在 E 盘生成了一个名为"蜘蛛侠 3A.rar"的压缩文件，如图 4-40 所示。

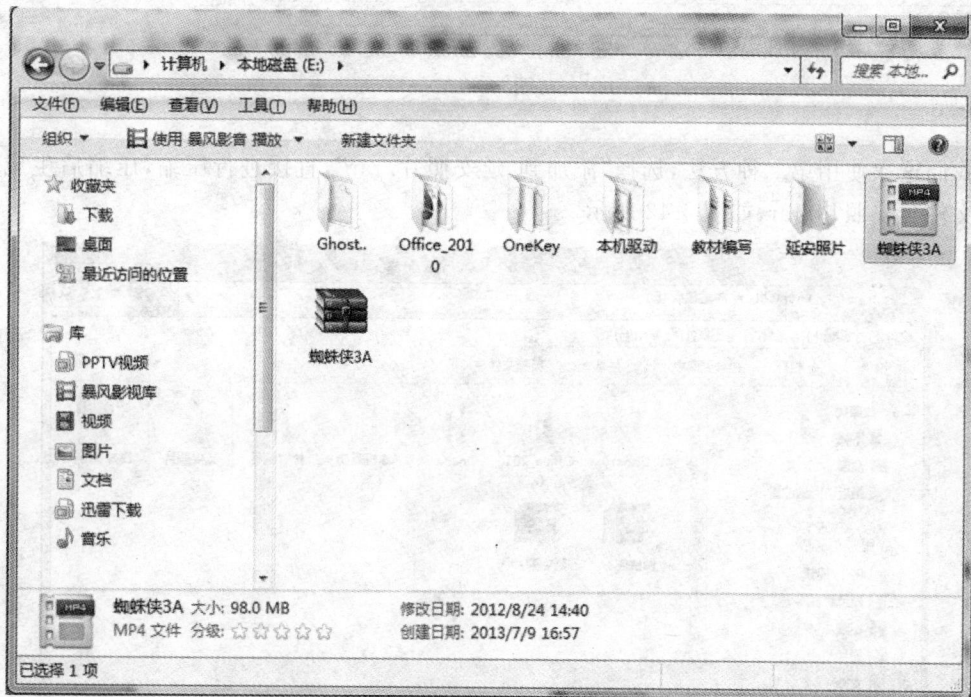

图 4-40

子任务 3.3 在 E 盘压缩文件夹"延安照片"

压缩文件夹的操作和压缩文件基本相同，结果都是生成一个压缩文件，方便管理与存储。

打开 E 盘,右键单击文件夹"延安照片",弹出快捷菜单,如图 4-41 所示。可以像在子任务 3.2 中压缩单个文件一样选择"添加到压缩文件(A)…",也可选择"添加到 延安照片.rar",可直接进行压缩,不再进行压缩选项的选择,更加方便快捷。

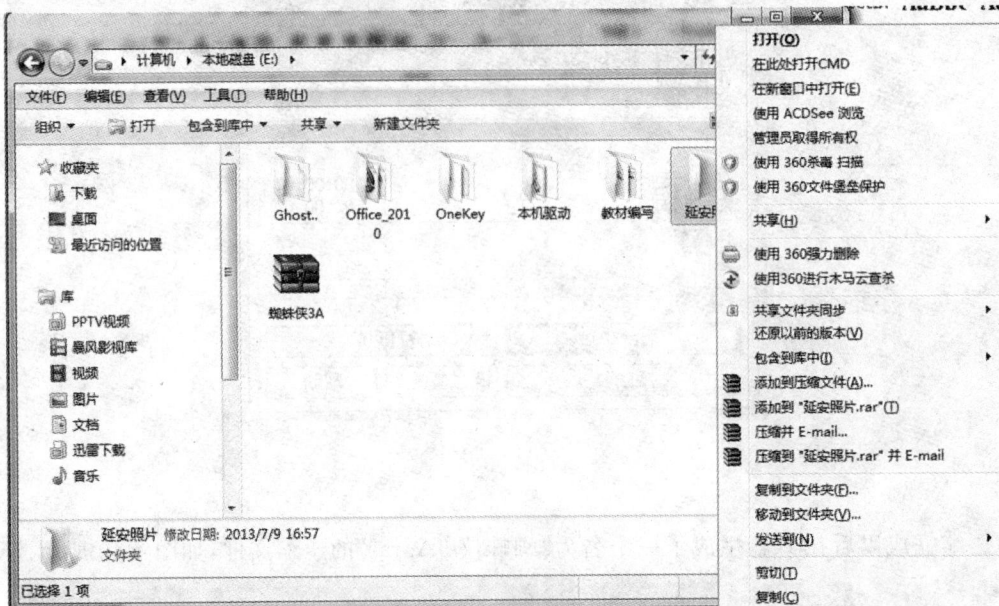

图　4-41

我们这次使用第二种方法,选择"添加到 延安照片.rar",直接进行压缩,压缩后生成一个压缩文件延安照片.rar,如图 4-42 所示。

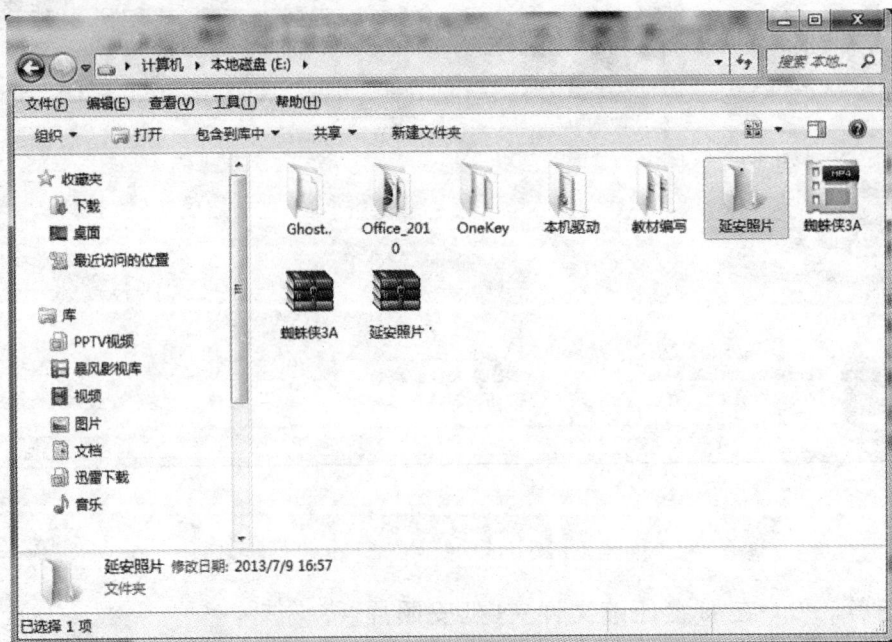

图　4-42

子任务 3.4　把压缩的延安照片文件复制到 D 盘并解压

1.从 E 盘复制延安照片.rar 到 D 盘

在 E 盘的延安照片.rar 上单击右键,然后在弹出的快捷菜单上选择"复制",如图 4-43 所示。

图　4-43

然后选择 D 盘,在 D 盘工作区空白处单击右键,弹出快捷菜单,如图 4-44 所示。

图　4-44

单击"粘贴",延安照片.rar 就被复制到了 D 盘。

2.解压延安照片.rar

在 D 盘中右击压缩文件：延安照片.rar,弹出快捷菜单,如图 4-45 所示。

图　4-45

单击"解压到 延安照片",系统会自动将压缩文件解压为文件夹。

任务检验：下载并安装 WinRAR,同时自选一个文件或文件夹进行压缩和解压。

任务 4　下载并播放《建国大业》

任务目的

下载红色电影并播放。

任务内容

首先确定要播放的红色电影名称为《建国大业》,由于电影文件比较大,前面任务中所使用的从网上直接下载的方法只适合小文件的下载,因此,需要下载一个专用下载工具迅雷,然后用迅雷下载电影和视频播放软件,这样就可以组织红色电影教育课了。

本任务有以下 4 个子任务：

子任务 4.1　下载并安装迅雷

子任务 4.2　使用讯雷下载电影《建国大业》

子任务 4.3　使用讯雷下载并安装播放器"暴风影音"

子任务 4.4　使用"暴风影音"播放《建国大业》

任务实施

子任务 4.1　下载并安装迅雷

在网上除了网页和加入超级链接的下载内容外，还有很多其他的有用资源，如视频流格式的.ra 或 rm 文件、Flash 动画文件、影音文件等，由于这些资源非常庞大，因此，必须使用专用的下载工具才能够顺利下载。

使用百度搜索"迅雷"并进入迅雷下载网站，如图 4-46 所示。

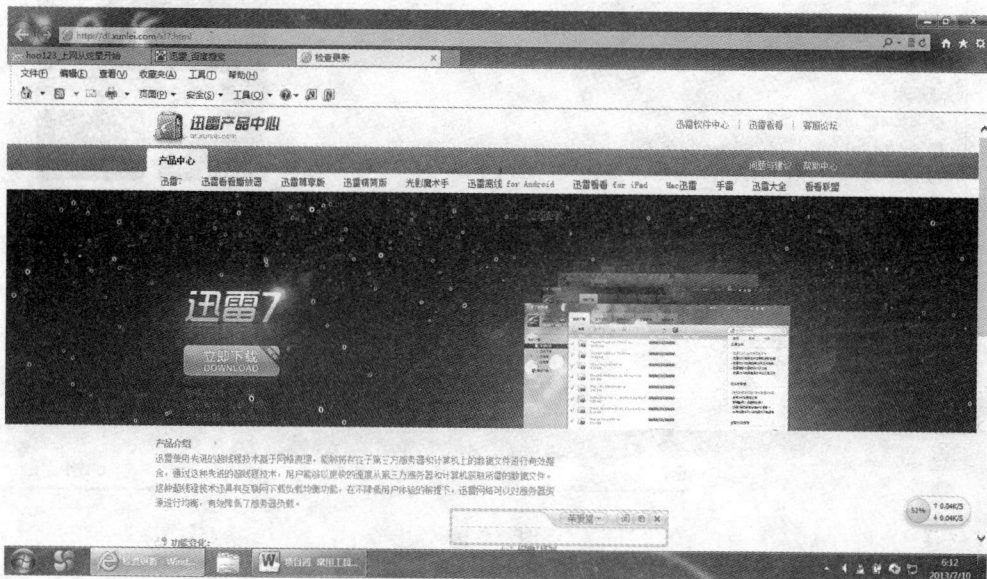

图　4-46

点击"立即下载"即可下载迅雷，下载后双击迅雷安装文件，进入安装进程，如图 4-47所示。

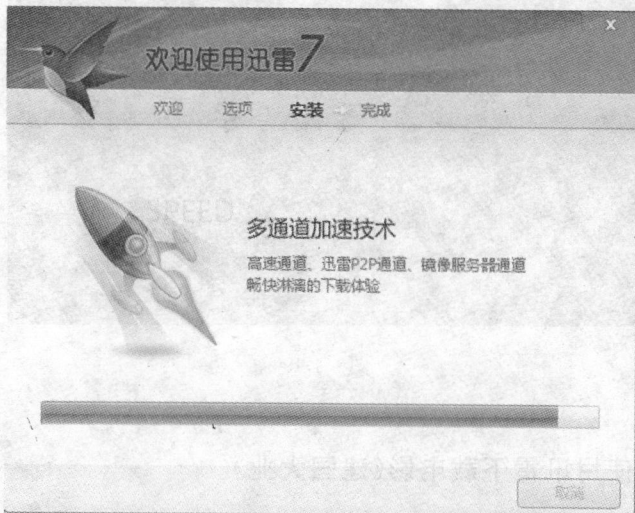

图　4-47

安装完成以后桌面上会有迅雷 7 的图标,双击迅雷 7 图标就可以打开迅雷的主窗口,如图 4-48 所示。

图　4-48

迅雷启动后会在桌面上显示一个小图标,即使迅雷主界面关闭,该图标也存在,表明迅雷正在运行,如图 4-49 所示。

图　4-49

子任务 4.2　使用讯雷下载电影《建国大业》

使用百度搜索《建国大业》,如图 4-50 所示。

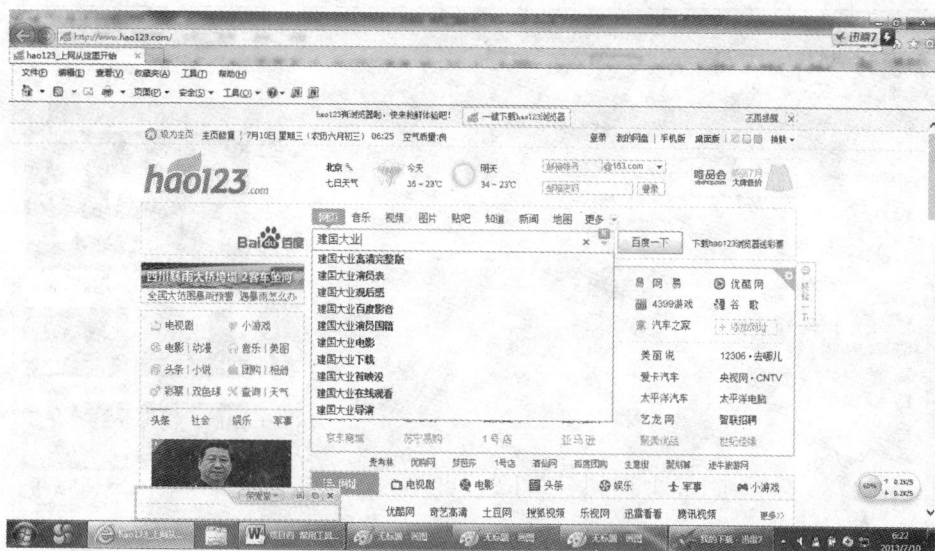

图　4-50

选择其中一项自己认为满意的选项,进入《建国大业》下载界面,如图 4-51 所示。

图　4-51

单击其中的下载地址开始下载《建国大业》,如图 4-52 所示。

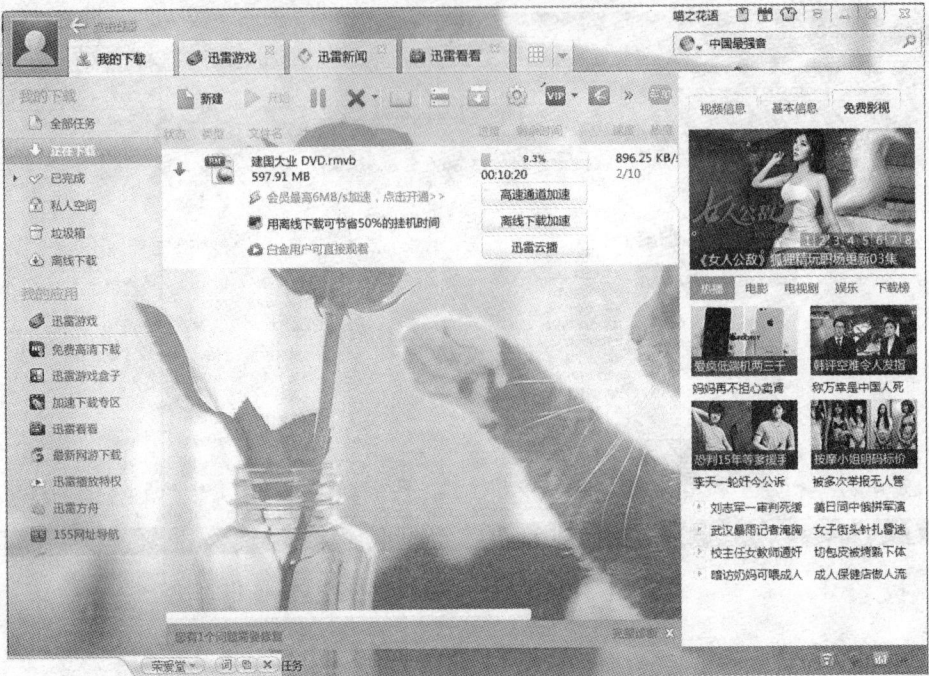

图　4-52

迅雷会将《建党伟业》自动下载到默认的文件夹 D:\TDDOWNLOAD。

子任务 4.3　　使用讯雷下载并安装播放器"暴风影音"

在百度中搜索"暴风",百度显示常用下载名称包含"暴风"的内容,如图 4-53 所示。

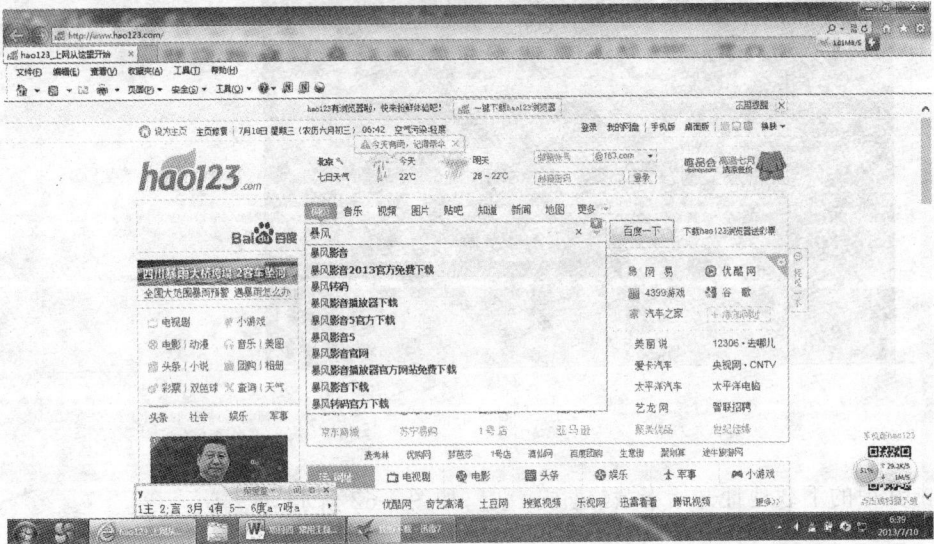

图　4-53

选择其中自己认为最佳选项进入"暴风影音"下载界面,如图 4-54 所示。

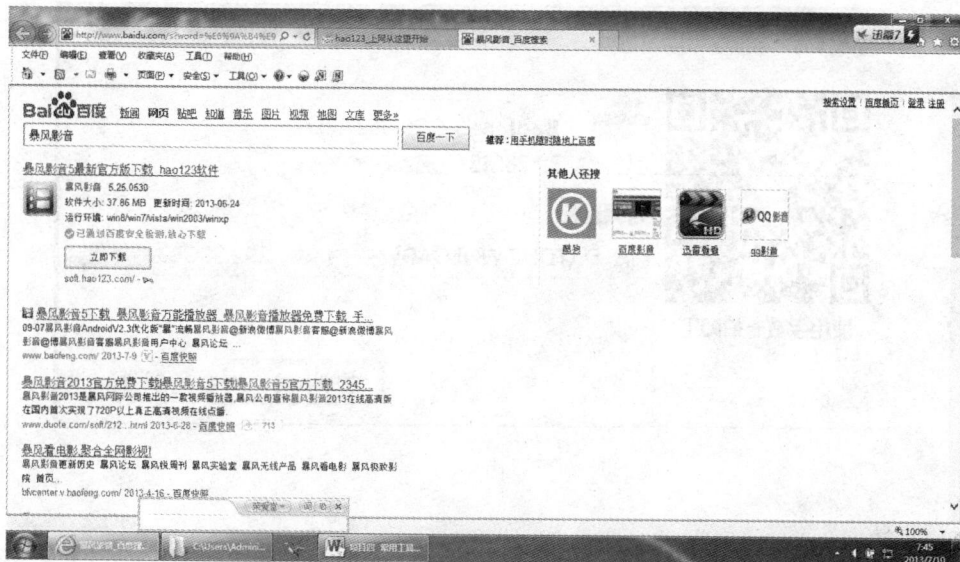

图　4-54

选择"暴风影音"官方网站,进入暴风影音官网,如图 4-55 所示。

图　4-55

单击"立即下载",自动启动迅雷下载程序,如图　4-56 所示。

图 4-56

单击"立即下载",迅雷便开始下载"暴风影音",下载后显示如图 4-57 所示。

图　4-57

直接单击"打开"，可直接安装"暴风影音"，如图 4-58 所示。

图　4-58

单击"开始安装"后"暴风影音"开始自动安装，安装过程中会让用户选择一些选项，用户根据需要自行选择。安装完毕后显示如图 4-59 所示。

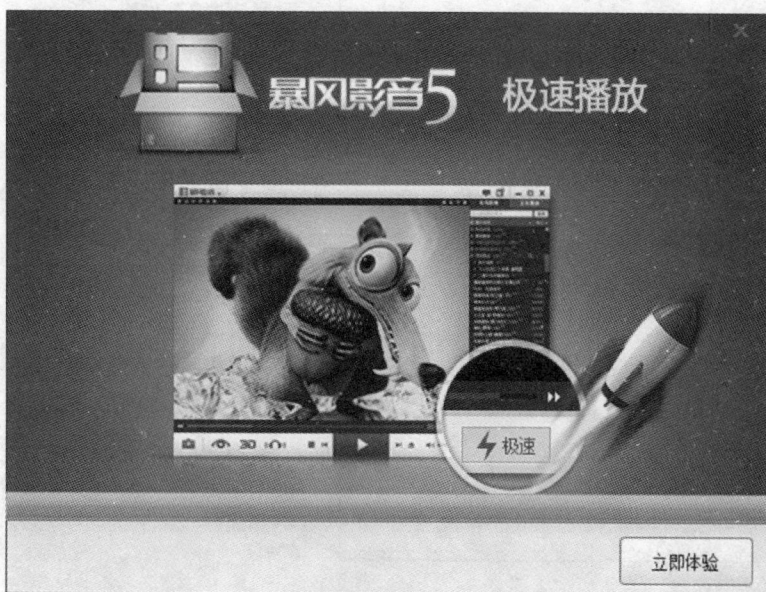

图　4-59

子任务 4.4　使用"暴风影音"播放《建国大业》

打开文件夹 D:\TDDOWNLOAD，如图 4-60 所示。

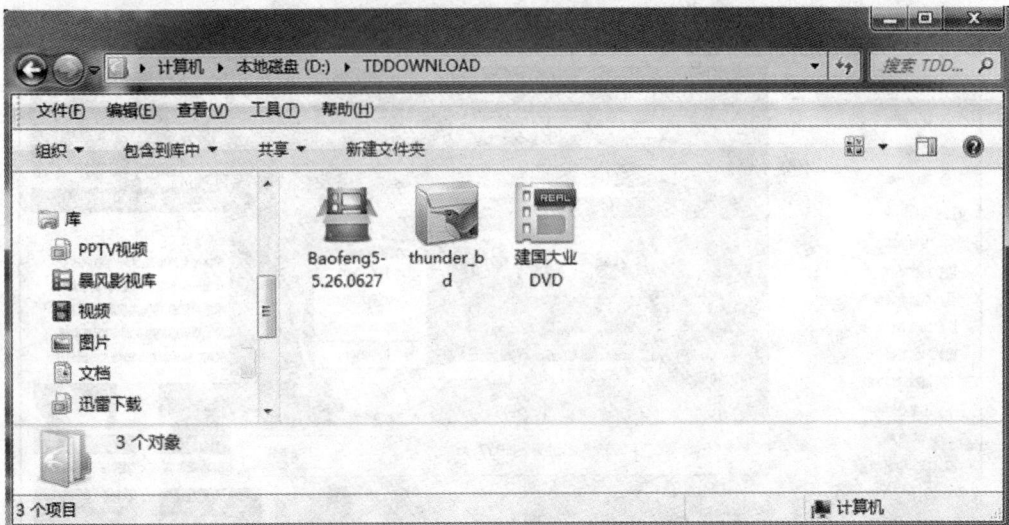

图　4-60

右键单击"建国大业"，显示如图 4-61 所示。

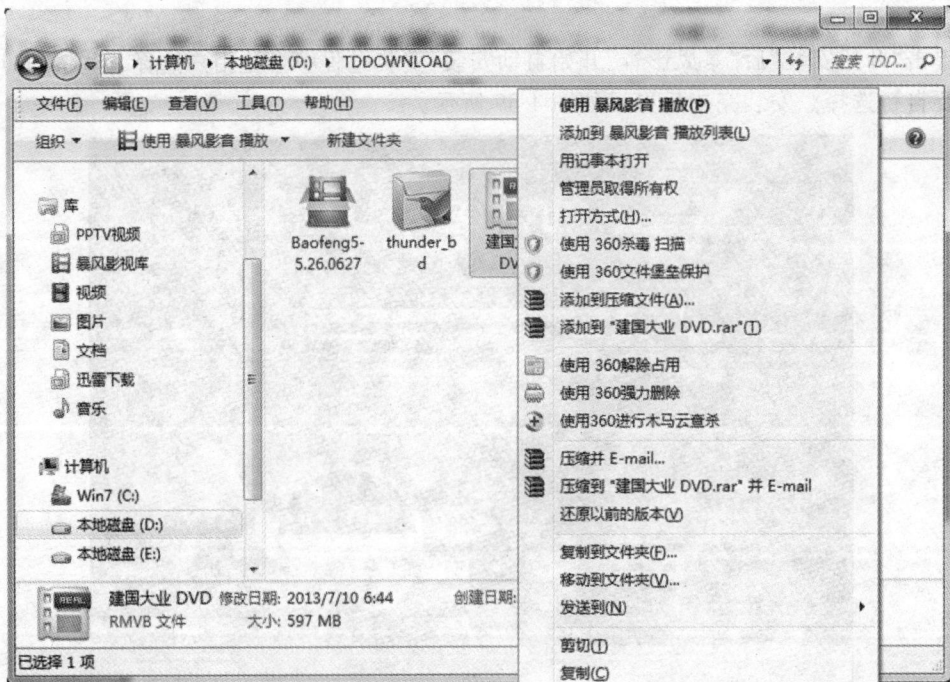

图　4-61

单击"使用 暴风影音 播放","建国大业"影片开始正式上映,如图 4-62 所示。

图　4-62

任务检验:下载《建国大业》并播放。

项目 5　制作"放假通知"和"请柬"

项目说明

本项目通过"放假通知"任务的完成,完成文档创建、格式的编辑、文档的保存等过程的基础操作;通过"请柬"工作任务的完成,使用户充分体验 Word 2010 的页面美化功能,掌握美化设置的方法和技巧。

知识目标

掌握创建新文档的方法

掌握编辑文档的方法

掌握文档内容格式编辑的方法

熟练掌握文档的基本操作

掌握对文档进行美化的技巧

能力目标

会制作简单的文档

能对文档进行编辑

能完成文档的基本操作

会对文档进行美化

项目分解

任务 1　制作放假通知

任务 2　设计请柬

任务 1　制作放假通知

任务目的

创建"端午节放假通知"。

任务内容

根据"端午节放假通知"的内容要求,输入文字内容并进行编辑,直到满足要求为止。

子任务 1.1　创建"端午节放假通知"文档

子任务 1.2　输入"端午节放假通知"文字内容

子任务 1.3　修改、增加与删除"端午节放假通知"内容

子任务 1.4　为"端午节放假通知"设置字体格式

子任务 1.5　为"端午节放假通知"设置段落格式

任务实施

子任务 1.1　创建"端午节放假通知"文档

启动 Word 2010,单击菜单栏【文件】,在【新建】区选择【空白文档】,单击【创建】,创建如图 5-1 所示文档。

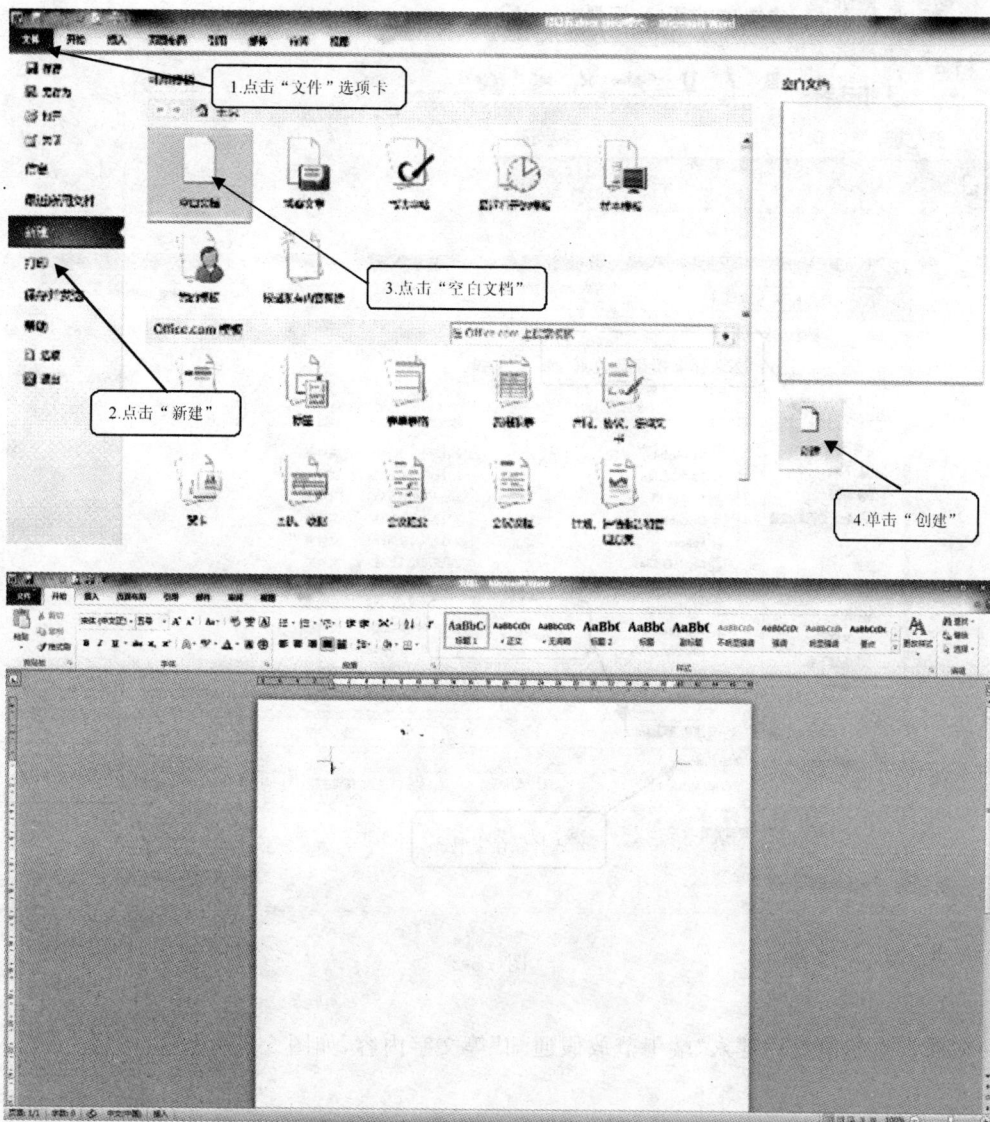

图　5-1

子任务 1.2　输入"端午节放假通知"文字内容

对于新建的文档,先单击快速访问工具栏的【保存】按钮▦,将文件保存为"2013 年端午节放假通知",如图 5-2 所示。

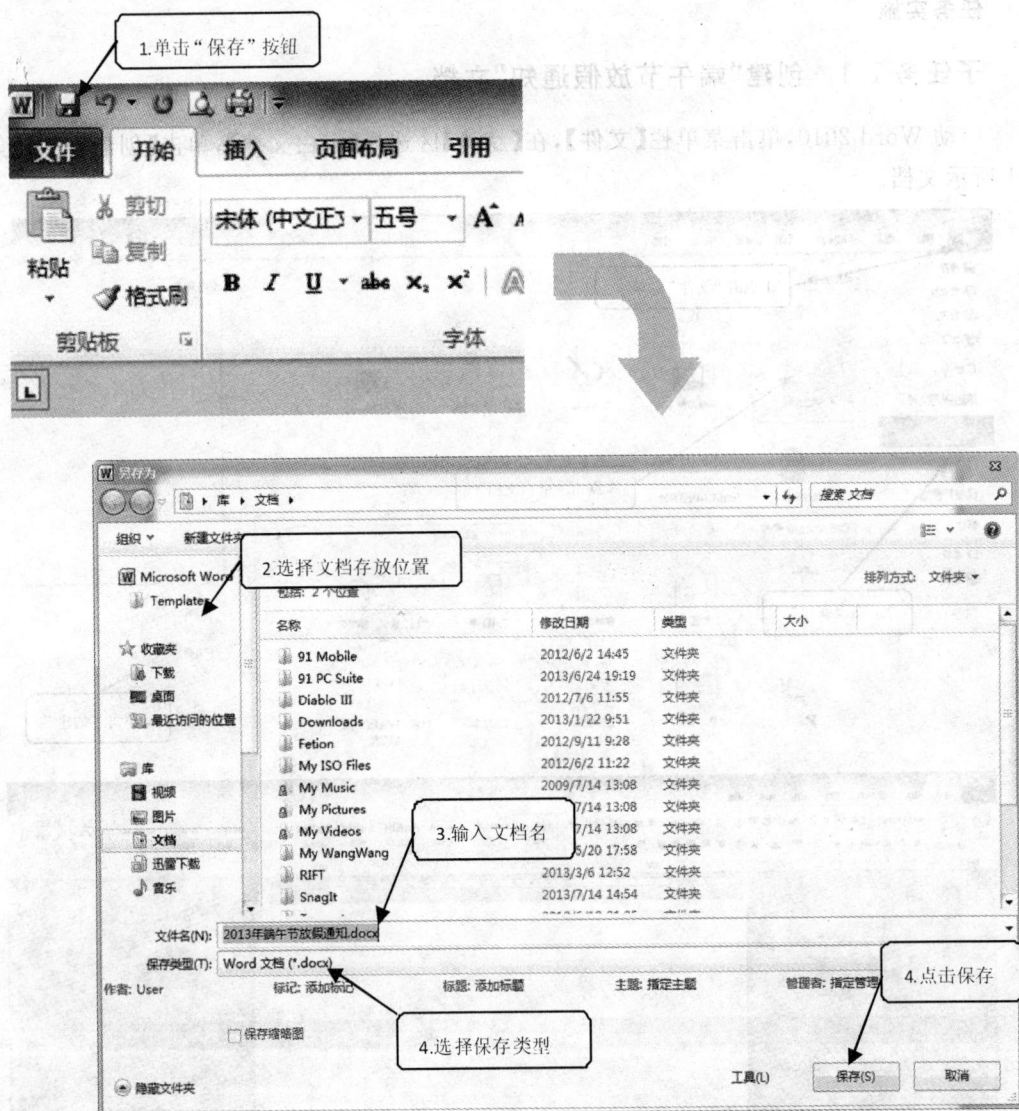

图　5-2

在插入点的位置后键入"端午节放假通知"等文字内容,如图 5-3 所示。

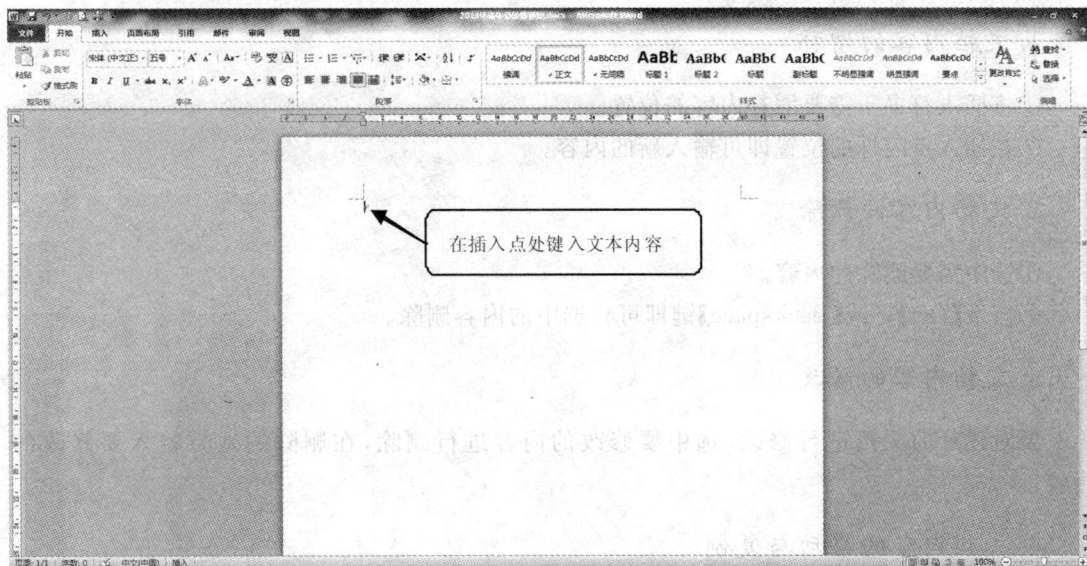

在插入点处键入文本内容

2013 年端午节放假通知

各部门全体员工：

根据《国务院办公厅关于 2013 年节假日安排的通知》精神，结合我公司端午节放假具体安排通知如下：

一、放假时间共 3 天：2013 年 6 月 10 日（周一）、6 月 11 日（周二）、6 月 12 日（周三）。

二、6 月 8 日（周六）、6 月 9 日（周日）照常上班,6 月 13 日（周四）正式上班。

三、放假期间，请各部门关好电闸，锁好门窗，做好安全防范。全体员工在放假期间外出游玩时，请注意自身人身安全和财务安全，愉快的度过假期。

四、各部门负责人要保持手机畅通，以便能够及时联系。

特此通知

祝公司全体员工端午节快乐！

公司行政人事部

2013 年 5 月 22 日

图   5-3

子任务 1.3   修改、增加与删除"端午节放假通知"内容

在编辑文档时，输入的文本有错误时就需要修改，修改文本可以使用"插入"、"删除"等一些基本的操作完成，同时还可通过移动操作调整文本的位置。

1．文档内容的增补

①将插入符置于需要增补内容的位置。
②在插入点闪烁的位置即可输入新的内容。

2．文档内容的删除

①选中需要删除的内容。
②按下【Del】键或【Backspace】键即可将选中的内容删除。

3．文档内容的修改

要对建好的文档进行修改，选中要修改的内容进行删除，在删除的地方输入要修改的内容。

4．文档内容的移动与复制

①移动文本——使用鼠标

选择需要移动的文本后，将鼠标指针移到选中的内容上，按住鼠标左键（此时鼠标指针变为 形状）并将所选内容拖放到新的位置上。释放鼠标左键，则所选内容从原位置移到新位置，如图 5-4 所示。

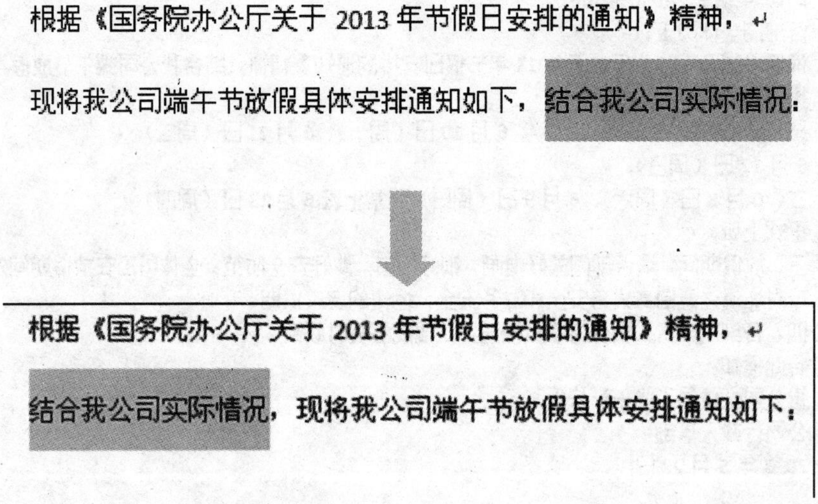

根据《国务院办公厅关于 2013 年节假日安排的通知》精神，↵

现将我公司端午节放假具体安排通知如下，结合我公司实际情况：

根据《国务院办公厅关于 2013 年节假日安排的通知》精神，↵

结合我公司实际情况，现将我公司端午节放假具体安排通知如下：

图　5-4

②复制文本

选择需要复制的文本后，按住【Ctrl】+【C】键对文档内容进行复制，在需要粘贴的位置按住【Ctrl】+【v】键。

子任务 1.4　为"端午节放假通知"设置字体格式

①使用【字体】工具栏设置字体格式,操作步骤如下:

选中需要设置字体与字号的文字,如图 5-5 所示。

2013年端午节放假通知

各部门全体员工:

　根据《国务院办公厅关于2013年节假日安排的通知》精神,结合我公司实际情况,现将我
公司端午节放假具体安排通知如下:

一、放假时间共3天:2013年6月10日(周一)、6月11日（周二）、

6月12日(周三),

二、6月8日(周六)、6月9日（周日）照常上班。6月13日(周四)

正式上班。

三、放假期间,请各部门关好电闸,锁好门窗,做好安全防范。全体员工在放假期间外出游
玩时,请注意自身人身安全和财物安全,愉快的度过假期。

四、各部门负责人要保持手机畅通,以便能够及时联系。

特此通知

图　5-5

②设置字体格式,设置为"宋体"、"二号"、"加粗",如图 5-6 所示。

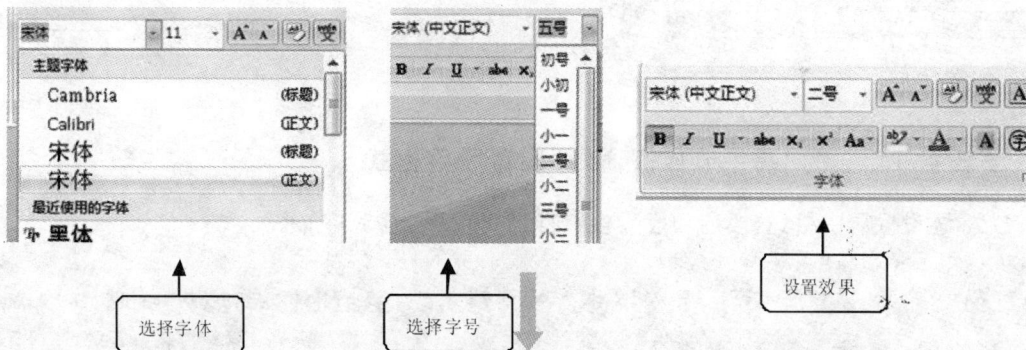

图　5-6

小贴士：

如果还需要为文字设置更加特殊的格式，如上下标、阴影、双删除线或改变字符之间的距离等，可使用"字体"对话框进行设置。标题设置如图 5-7 所示。

图　5-7

子任务 1.5　为"端午节放假通知"设置段落格式

为标题设置居中格式，段前和段后各一行，如图 5-8、图 5-9 所示。

点击小箭头

2013年端午节放假通知

各部门全体员工：

　　根据《国务院办公厅关于2013年节假日安排的通知》精神，结合我公司实际情况，现将我

图　5-8

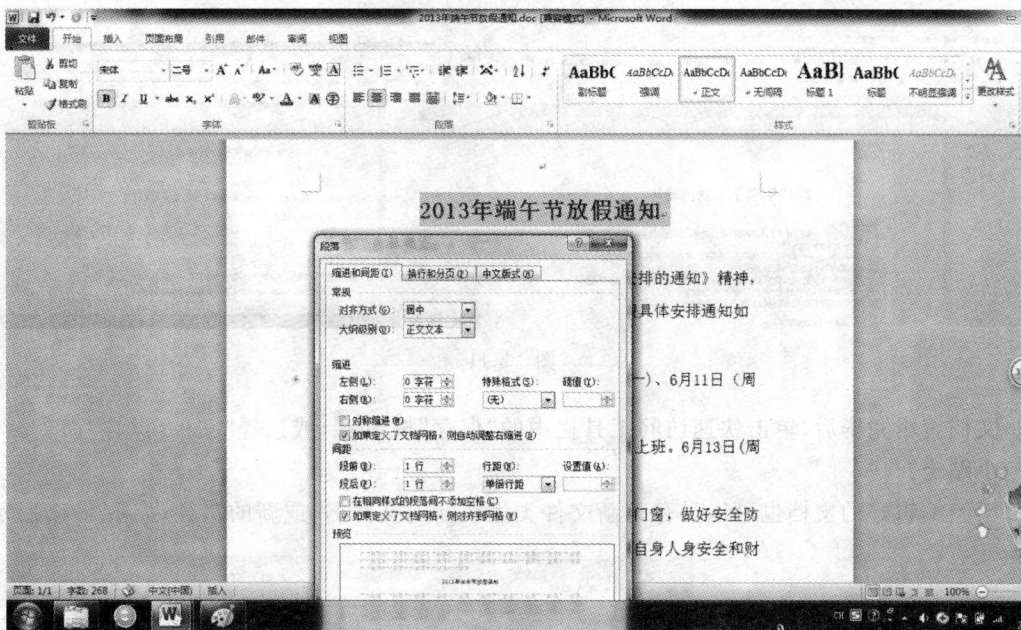

图 5-9

为正文设置文字格式和段落格式,其中文字为"宋体"、"小三",如图 5-10、图 5-11 所示。

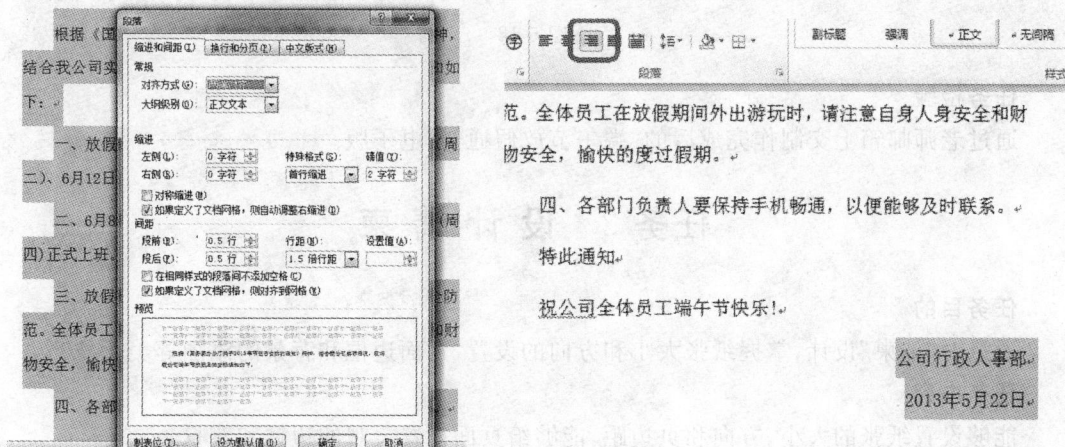

图 5-10

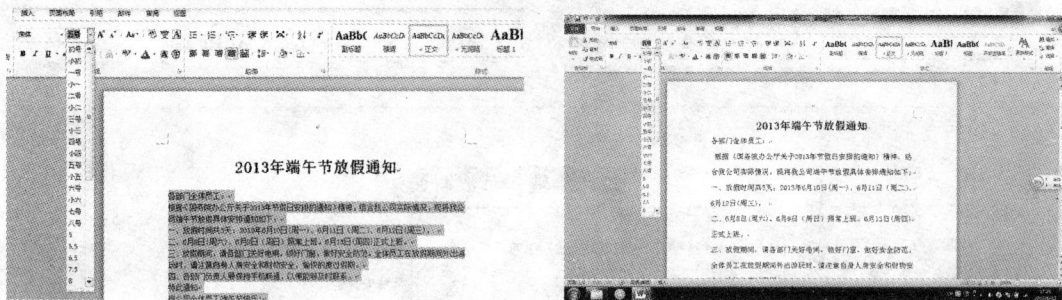

图　5-11

文档编辑完毕后,单击快速访问工具栏中的"保存"按钮![img],或选择"文件/保存"命令。

小贴士:

已经编辑好的文档也可以另存为新文件类型或新的文件名,或新的路径,如图 5-12 所示。

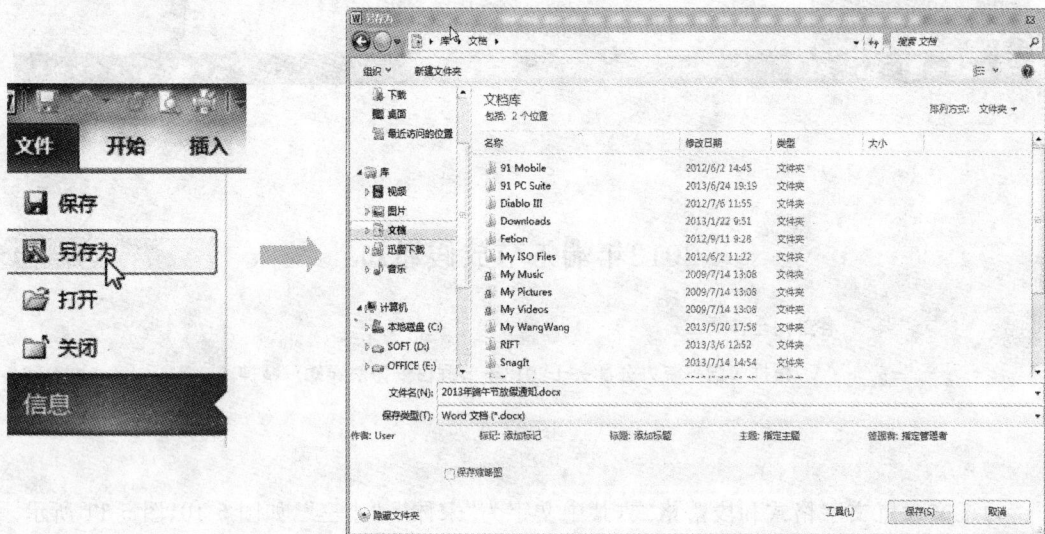

图 5-12

任务检验

通过老师邮箱上交制作完成后的"端午节放假通知"电子版。

任务 2　设 计 请 柬

任务目的

通过对"请柬"设计,掌握纸张大小和方向的设置,页面边框和背景的添加等美化技巧。

任务内容

能够设置纸张的大小、方向和页边距,能够给页面设置美观的边框和背景。

子任务 2.1　设置请柬大小

子任务 2.2　添加"请柬"页面边框

子任务 2.3　添加"请柬"页面背景

任务实施

子任务 2.1　设置"请柬"大小

本任务的主要内容为应用已学知识和技能完成"请柬"文档的创建、文档内容输入以及格式编辑。

1.选择"请柬"纸张

设置"请柬"纸张大小为 A4(长 29.7cm、宽 21cm),如图 5-13 所示。

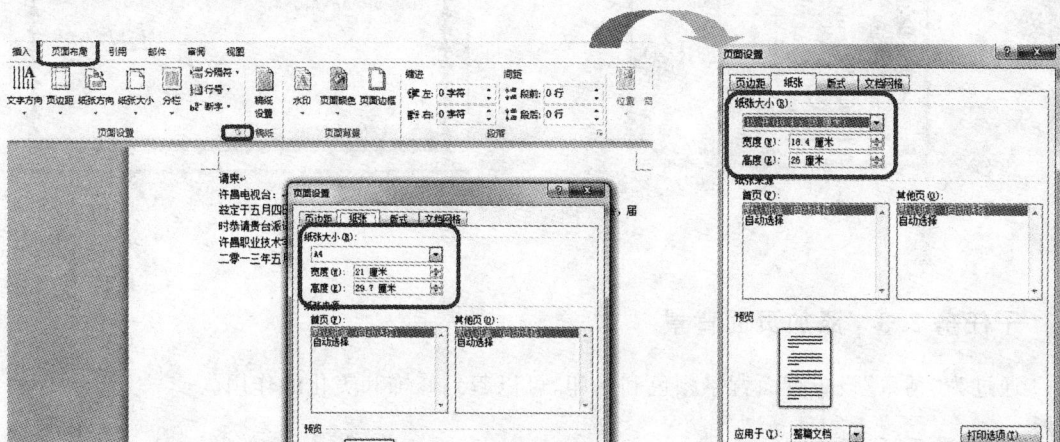

图　5-13

2."请柬"页面设置

"请柬"方向为横向,页边距:上下各 3.17cm,左右各 2.54cm,如图 5-14 所示。

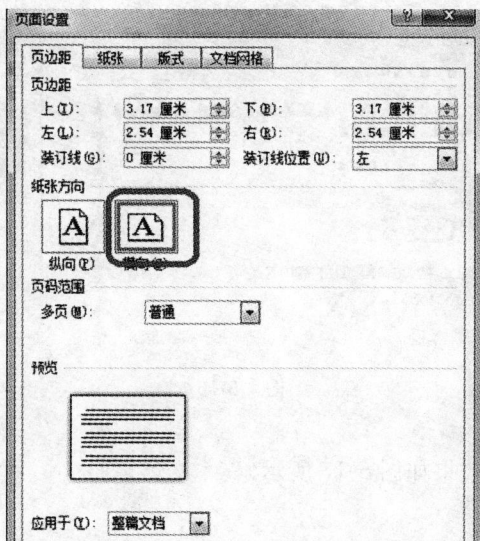

图　5-14

子任务 2.2　添加页面边框

在 Word 2010 中页面边框包括线条与艺术两种。下面为"请柬"添加艺术边框,如图 5-15 所示。

图　5-15

子任务 2.3　添加页面背景

通过为"请柬"设置页面背景颜色和水印,可以起到修饰和美化的作用。

1.设置页面颜色

通过页面颜色设置页面背景时,可以通过颜色填充、渐变颜色填充、纹理填充、图案填充、图片填充来进行美化。设置纹理填充步骤和效果如图 5-16 所示。

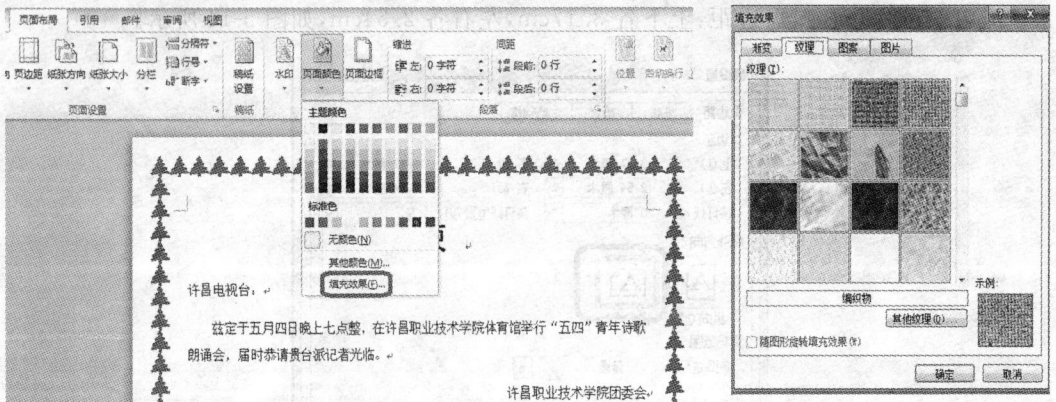

图　5-16

设置图片填充步骤和效果如图 5-17 所示。

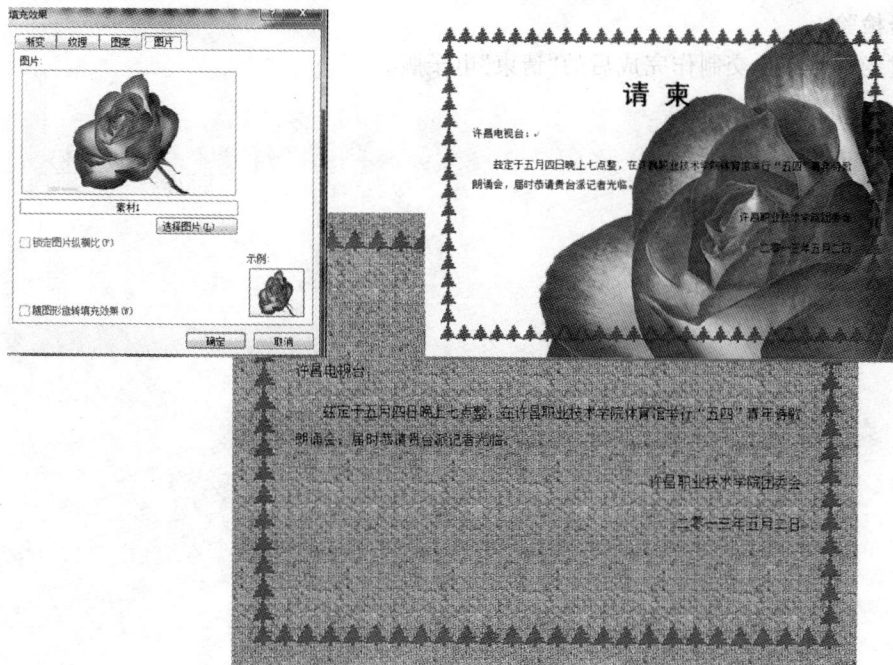

图 5-17

2. 水印

水印是出现在文档或文本后面的文本或图片。水印通常用于增加趣味或标识文档状态。设置步骤和效果如图 5-18 所示。

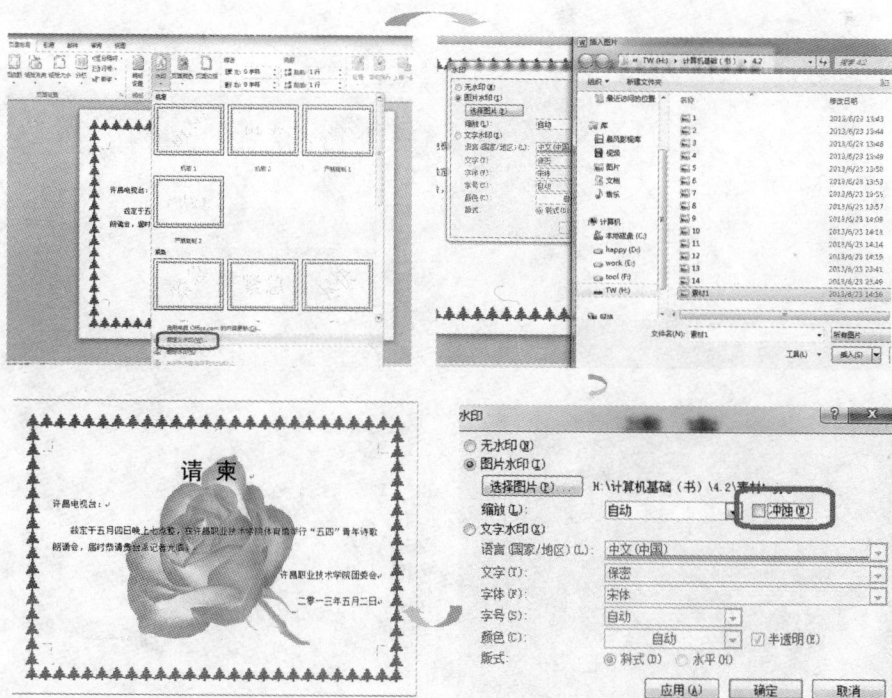

图 5-18

任务检验

通过老师邮箱上交制作完成后的"请柬"电子版。

项目 6　制作安全提示和组织结构图

项目说明

本项目通过制作"电梯安全提示"和"组织结构图"工作任务的完成,体验插入图片、插入艺术字、插入形状、插入 SmartArt 图形、插入文本框的方法和技巧,进而实现图文混排文档的制作。

知识目标

掌握插入图片和剪贴画的方法

掌握插入和编辑艺术字的方法

掌握插入和绘制形状的方法

理解插入 SmartArt 图形的方法

掌握插入和编辑文本框的方法

能力目标

会在文档中插入图片和剪贴画

会在文档绘制图形并进行编辑

会使用 SmartArt 图形

能灵活使用文本框

能制作和编辑艺术字

能综合运用图文混排的技巧和方法进行文档排版

项目分解

任务 1　制作电梯安全提示

任务 2　制作新锐文学院学生干部组织结构图

任务 1　制作电梯安全提示

任务目的

通过"制作电梯安全提示"让学生掌握图片的插入和设计,文本框的插入和编辑以及制作和编辑艺术字。

任务内容

通过任务的完成,能设计图文混排的精美的文档,有以下 3 个子任务:

子任务 1.1　插入图片

子任务 1.2　插入艺术字

子任务 1.3　插入文本框

任务实施

子任务 1.1　插入图片

利用前面已掌握的方法完成前期工作的操作有：准备好图片文件和文字资料，创建文档，设置纸张大小。

1. 插入图片

在 Word 2010 中插入图片的操作如图 6-1 所示。

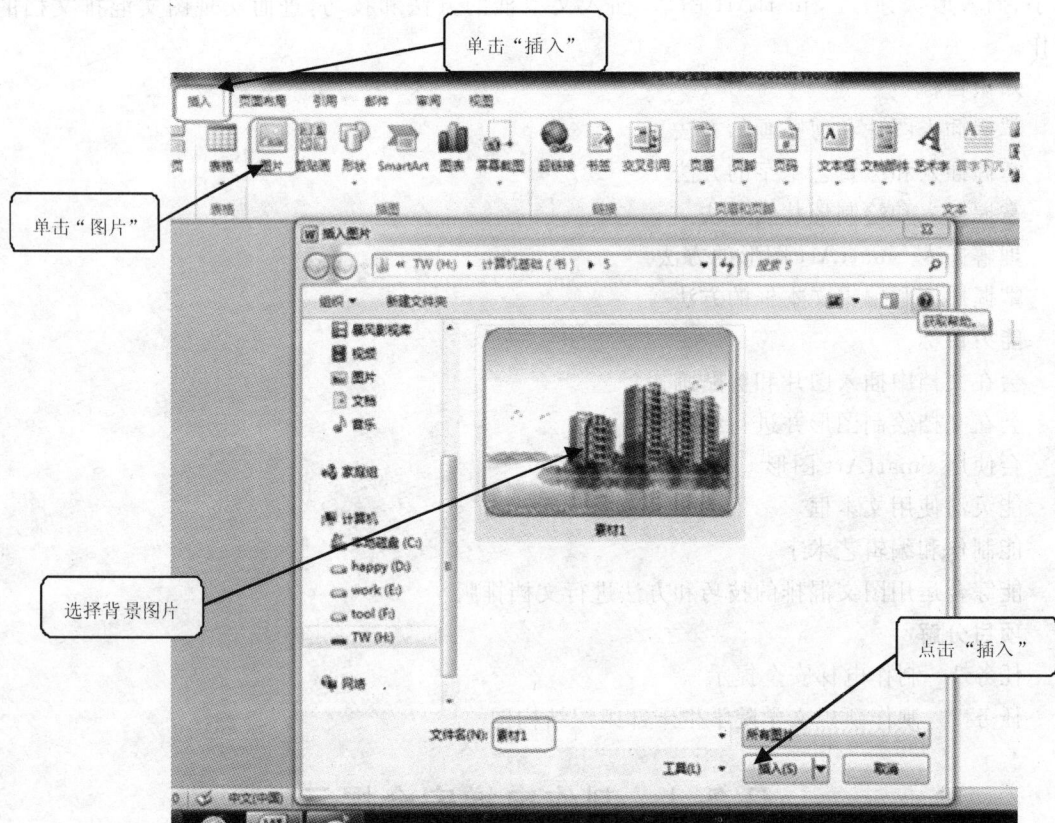

图　6-1

2. 编辑图片

对任务中的图片编辑如图 6-2 所示。

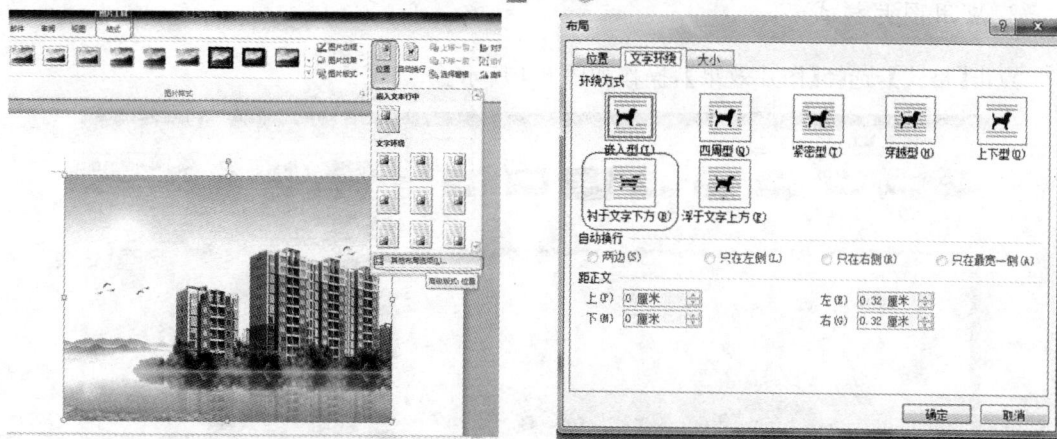

图 6-2

可以将图片移动和调整到合适的位置和大小,如图 6-3 所示。

图 6-3

3.应用图片样式

点击【格式】,选择【图片效果】,操作如图 6-4 所示。

图　6-4

子任务 1.2　插入艺术字

1.通过插入艺术字设置标题

插入艺术字的方法如图 6-5 所示。

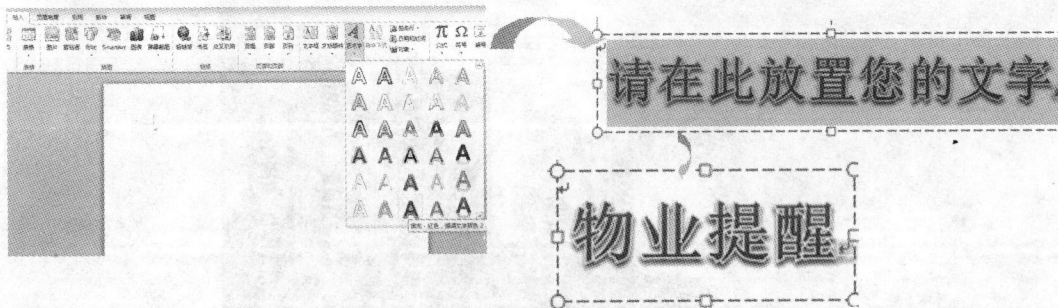

图　6-5

2.编辑艺术字

创建好艺术字后,如果对艺术字的样式不满意,可以对其进行编辑修改。编辑艺术字的方法如图 6-6 所示。

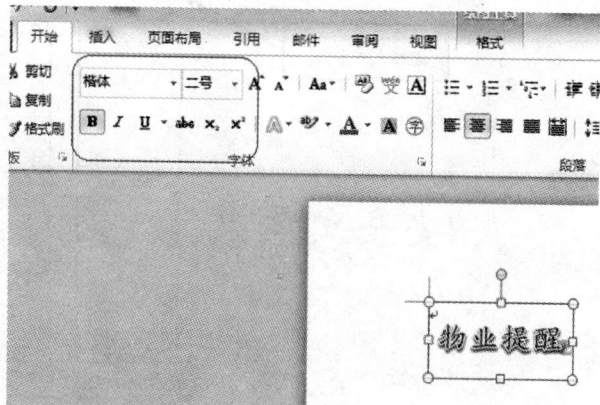

图　6-6

利用同样的方法设计"安全文明乘坐电梯",效果如图 6-7 所示。

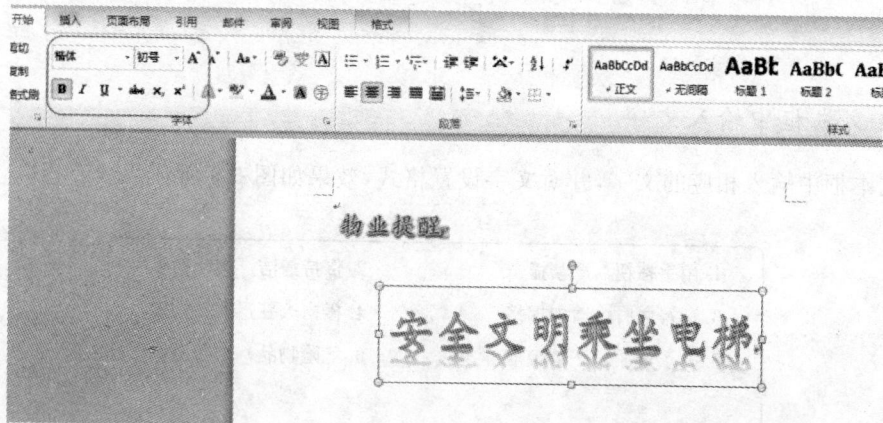

图　6-7

子任务 1.3　插入文本框

1.绘制文本框

绘制文本框的方法如图 6-8 所示。

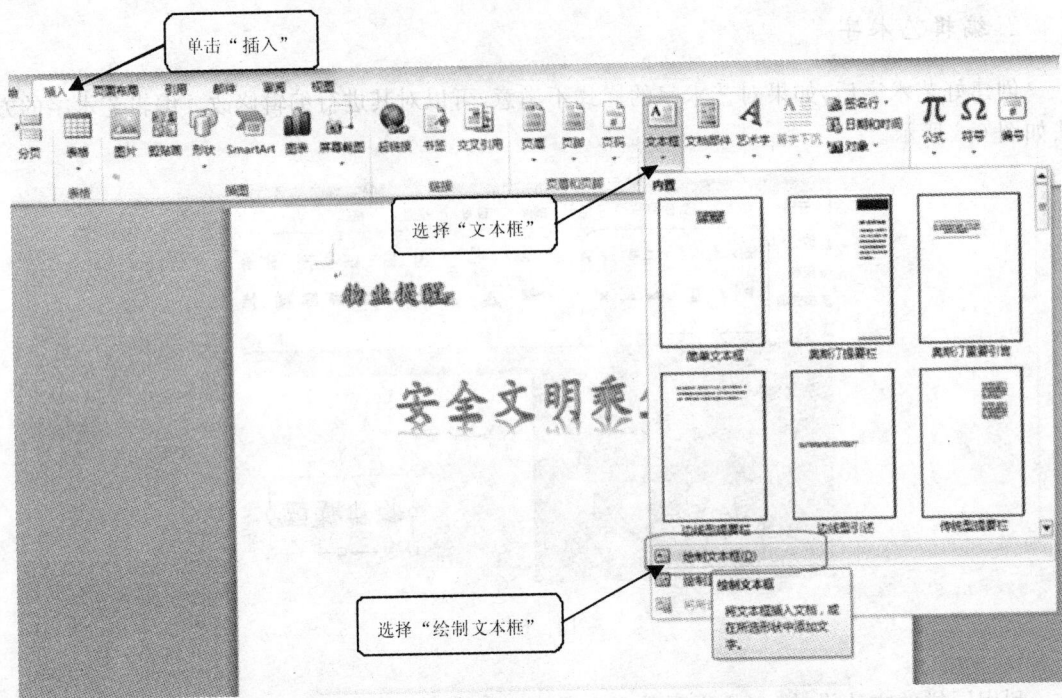

图　　6-8

2.在文本框中输入文字

在文本框中输入相应的文字,并对文字设置格式,效果如图 6-9 所示。

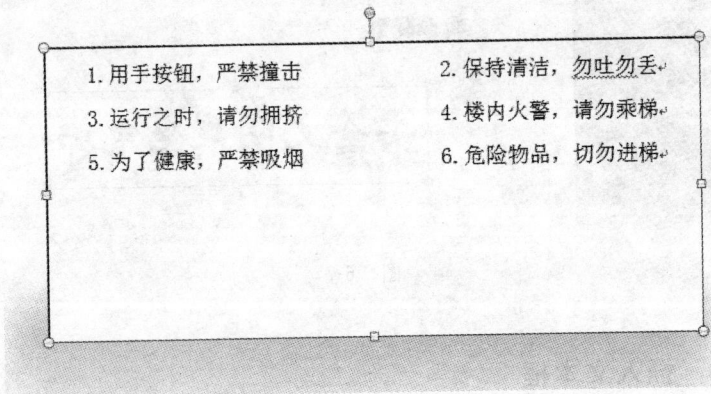

图　　6-9

3.编辑文本框

①设置填充颜色为无,操作过程如图 6-10 所示。

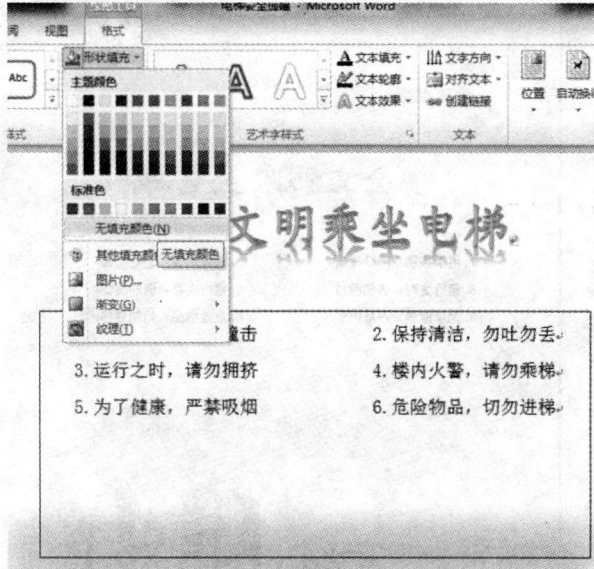

图　6-10

②设置边框颜色为无,操作过程如图 6-11 所示。

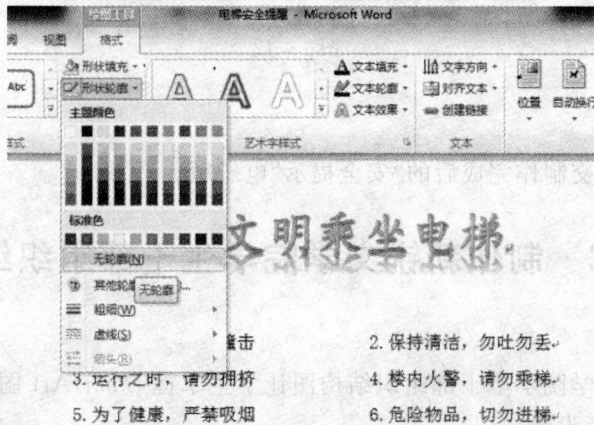

图　6-11

最终的文档设置效果如图 6-12 所示。

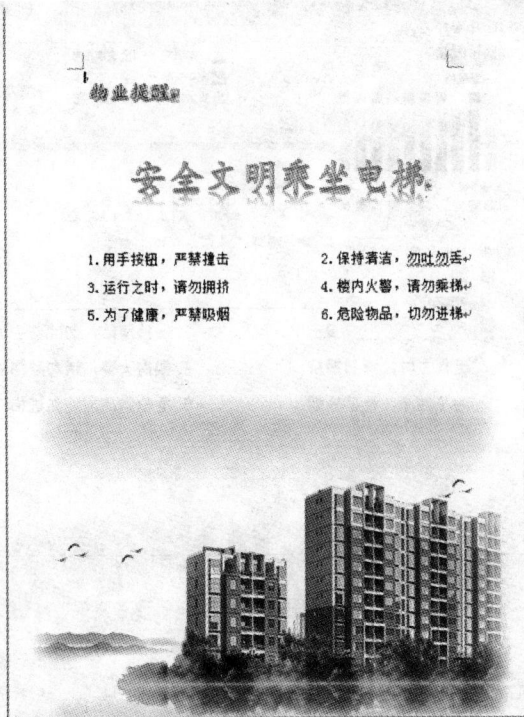

图　6-12

任务检验

通过老师邮箱上交制作完成后的"安全提示"电子版。

任务 2　制作新锐文学院学生干部组织结构图

任务目的

通过制作新锐文学院学生干部组织结构图让学生掌握 SmartArt 图形插入、SmartArt 图形的布局、样式和颜色设置。

任务内容

子任务 2.1　利用插入 SmartArt 图形制作学生干部组织结构图

子任务 2.2　对结构图进行 SmartArt 图形布局、样式和颜色设置

任务实施

子任务 2.1　利用插入 SmartArt 图形制作学生干部组织结构图

1. 制作"新锐文学院学生干部组织结构图"

①新建一个空白文档,将其保存为"新锐文学院学生干部组织结构图"文档。

②在文档中输入标题,将插入点定位在下一行行首位置。

③将插入点定位在需要插入 SmartArt 图形的位置,单击【插入】选项卡中【插图】工具栏

中的"SmartArt"按钮 。

④打开"选择 SmartArt 图形"对话框，选择【层次结构】，如图 6-13 所示。

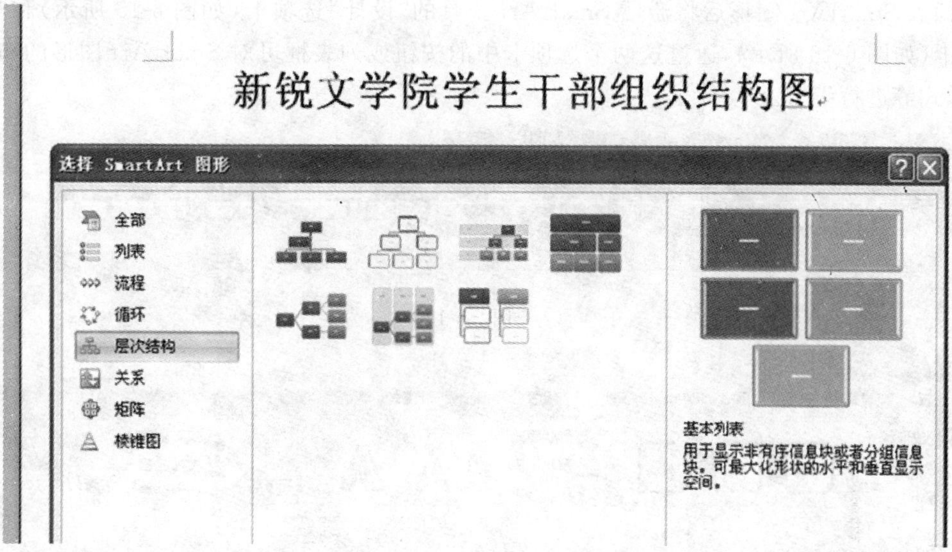

图 6-13

⑤单击 确定 按钮，SmartArt 图形即插入到文档中。

2. 输入文本

①单击"文字"窗格中的"文本"输入文字。

②当默认的形状已输入文本，还需继续输入文本时，按【Enter】键，在出现的"文本"中继续输入文字，如图 6-14 所示。

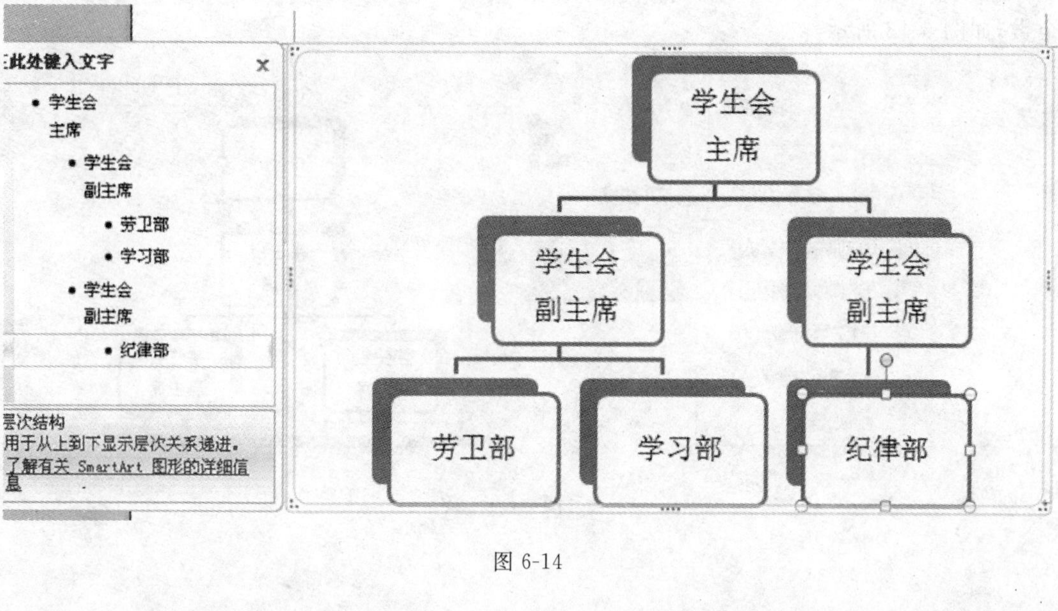

图 6-14

子任务 2.2　对结构图进行 SmartArt 图形布局、样式和颜色设置

　　插入 SmartArt 图形后将激活 SmartArt 工具的"设计"选项卡（如图 6-15 所示）和"格式"选项卡（如图 6-16 所示），通过这两个选项卡中的按钮或列表框可对 SmartArt 图形的布局、颜色、样式等进行编辑。

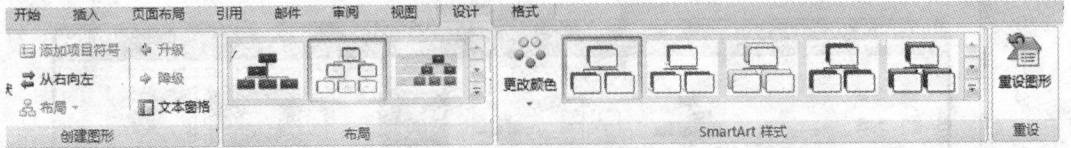

图　6-15

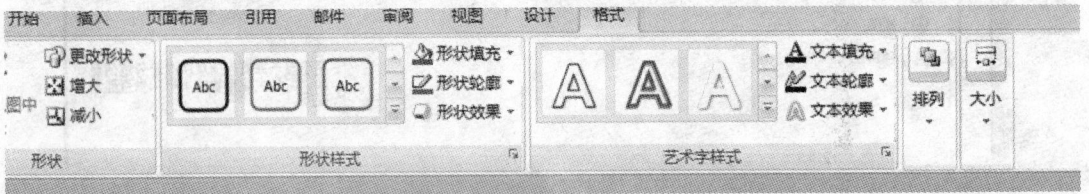

图　6-16

1. 添加形状

　　①选中"学生会主席"图文框。

　　②单击"添加形状"按钮，在下拉列表中选择"在上方添加形状"，如图 6-17 所示。

　　③依照此方法，单击"添加形状"按钮，在下拉列表中选择"在上方添加形状"、"在下方添加形状"、"在前方添加形状"、"在后面添加形状"等所需选项，连续点击次数就是所要添加形状的个数，如图 6-18 所示。

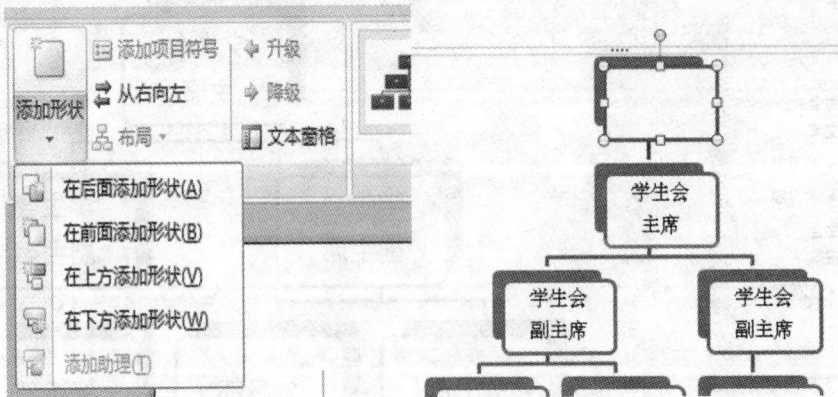

图　6-17

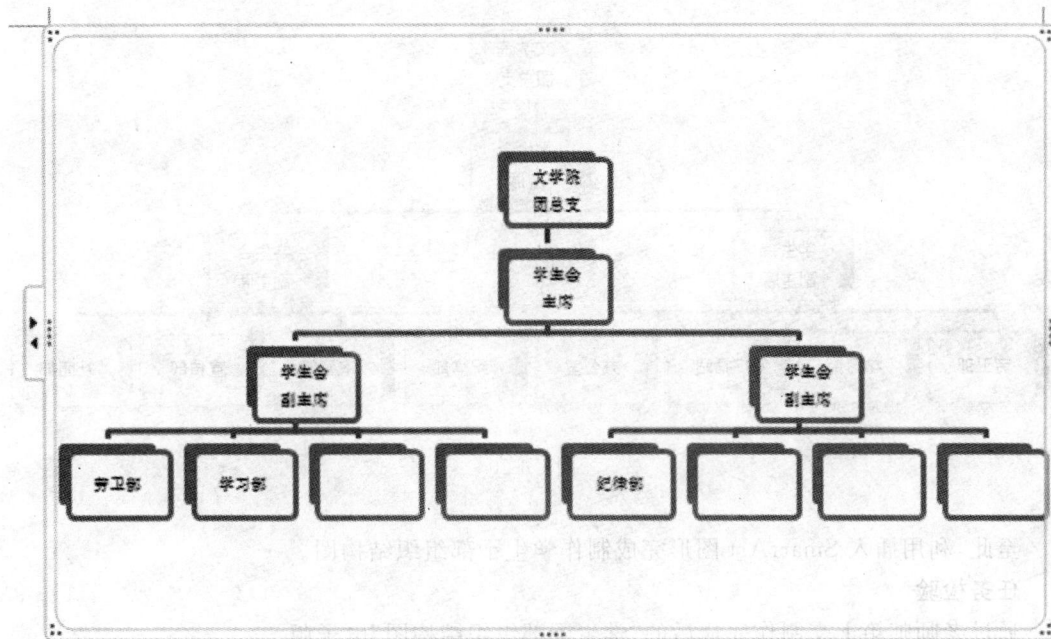

图　6-18

2. 输入文本、更改 SmartArt 图形颜色

在各个文本框中分别输入文字，单击"SmartArt 样式"工具栏中的"更改颜色"按钮👬，在列表框中选择"彩色轮廓－强调文字颜色 3"选项，如图 6-19 所示。

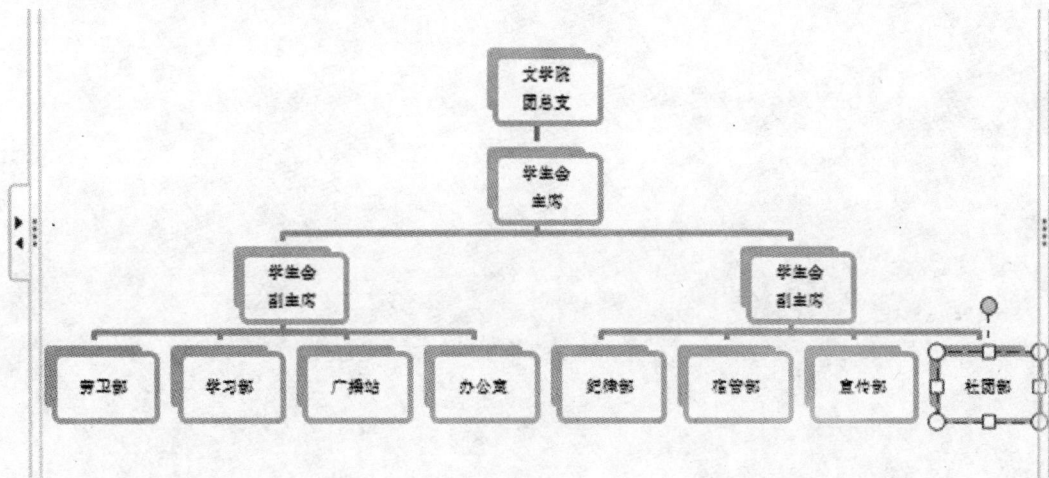

图　6-19

3. 更改 SmartArt 图形样式

单击"设计"选项，从列表框中选择"强烈效果"选项，如图 6-20 所示。

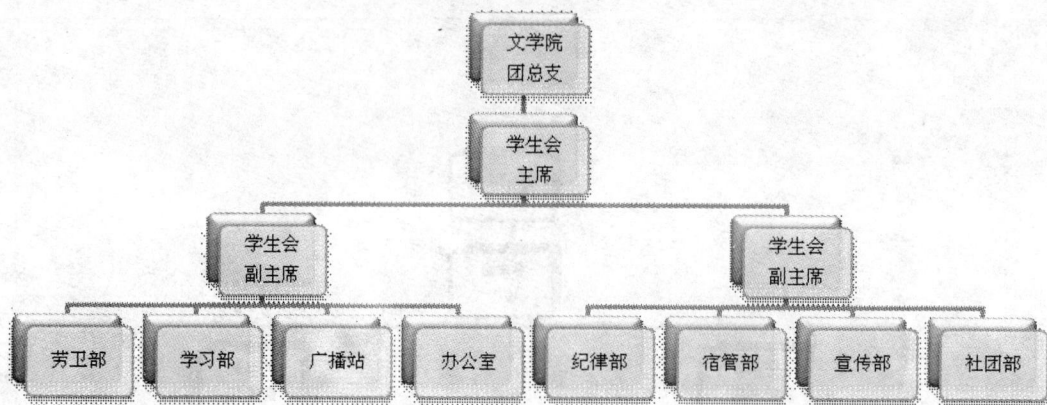

图　6-20

至此,利用插入 SmartArt 图形完成制作学生干部组织结构图。

任务检验

通过老师邮箱上交制作完成后的"学生干部组织结构图"电子版。

项目 7　散文页面的美化与打印

项目说明

本项目通过完成三篇文章的"编排页面"、"设置个性化页面"、"打印设置"几项工作任务，掌握对文档页面进行美化设置的方法和技巧。

能力目标

会进行页面的相关设置

会为文档设置页眉页脚

能对文档进行个性化设置

能完成文档的打印

知识目标

熟练掌握进行页面设置的方法和技巧

理解插入分页符和分节符的作用

掌握设置页眉和页脚的方法

掌握首字下沉、分栏等文档的个性化设置方法

掌握打印文档的方法

项目分解

任务 1　编排散文页面

任务 2　设置个性化的"学会放弃"文档

任务 3　打印文档

任务 1　编排散文页面

任务目的

该项任务使用 Word 2010 完成"散文页面的编排"。为其添加页眉和页脚，并且每一页的页眉不同，这项任务要求完成三个页面的设置，其页眉分别为"生活随笔"、"经典文章"、"人生哲理"，页码连续，效果分别如图 7-1、图 7-2 所示。

该怎么调味心情

心情，虽是一种态度，耐人寻味；不知道如何可爱恕了它；或许给你一种美的感觉，欢乐的态度；积极的挥洒。

心情，是一种元素；虽有人喜欢志录思你的样子，若你是喜是怒，是酸是甜，是苦是优。

心情，是一朵忘，不知道如何可云湖异散，何可清绢花开，何可浪漫放心，何可让人尤爱。

为何心情虽是让人失迷，为何心情虽可以让一个人吃不迷、困不消、茶不思、饭不继，若亮这心情真看放在情人的脸上了。

没者诸能读懂心情的思愁，嗜者你的关心和体贴，迟爱的抚触，短爱的短语，爱爱的叮咛；思愁的心情才会舒展的化解。

给于把，心情需爱你给与，施加以宽容和大度，心情虽虽成开朗。

没者诸能读懂心情的万千变化，暂愉的让你偎看着它的笑脸，驾驶它的迟爱，无话志还能情不自禁的喜爱和可可一笑。

是喜欢吧！虽想让它开心，快乐，喜欢做一个好男人，喜欢做一个好女人，让心爱的人有份好心情，让心爱的人有份安舍的做忘。

心情，者可愤运舍吃静，吃静或许是因为在乎于你，或许是有些小心眼；或许是顽顿的个性，顽顿的坐张；虽之心情随遇而安，随情而动，随爱而坐，随境而忘。

心情，是一份健复，好的心情，定会给你带去虽温和安爱，或许心情可以让你容貌焕发，年轻十足，因为健复的嗜一爱宗心情新据占巨头。

心情，是我们的标单，者虽人愁不言表，者虽人烦起宣表；虽之快乐的心情才是我们坐活的好态度。

一起把心情志用心用情感爱，快乐的心情因于你我他。

图　7-1

图 7-2

任务内容

子任务 1.1 对散文页面进行页面设置

子任务 1.2 在散文页面中插入分页符和分节符

子任务 1.3 为每个主题的散文页面分别添加不同的页眉、页码，并保存文档

任务实施

子任务 1.1 对散文页面进行页面设置

1.设置页边距和页面方向（如图 7-3 所示）

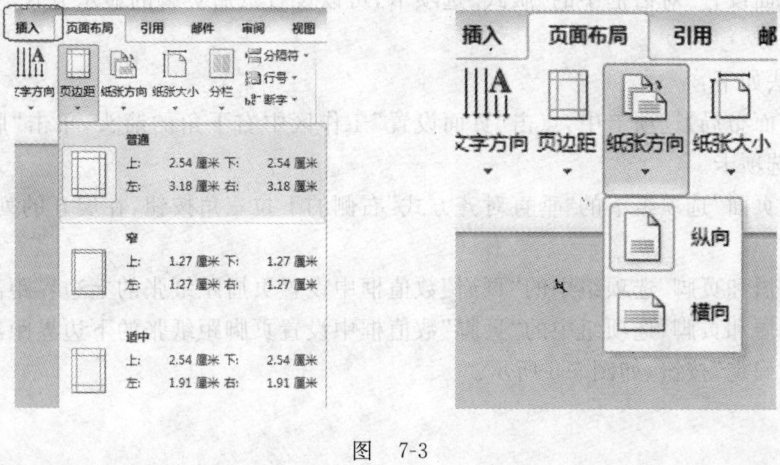

图 7-3

、①单击【页面布局】按钮,然后单击"页面设置"组中的"页边距"按钮,在弹出的下拉列表中选择"普通"类型。

②在"页面布局"选项卡中,单击"页面设置"组中的"纸张方向"按钮,选择"纵向"。

2.设置纸张大小为 A4

在"页面布局"选项卡下的"页面设置"组中单击"纸张大小"按钮,然后在展开的列表中选择 A4 纸张大小,如图 7-4 所示。

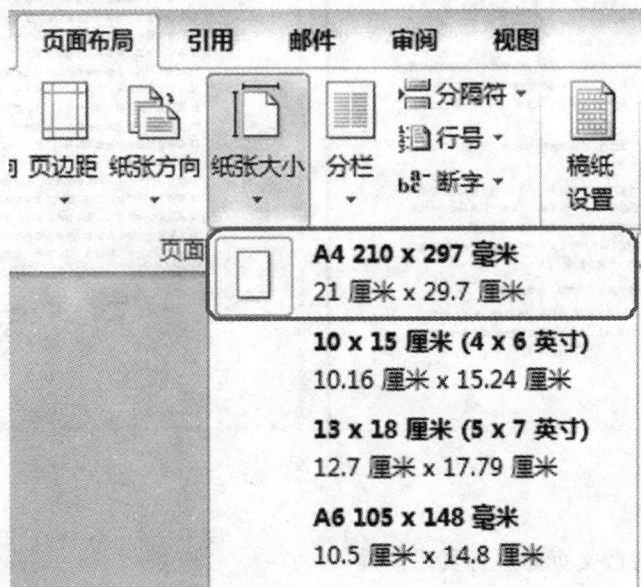

图　7-4

3.设置版式和文档网格

①设置版式

利用"页面设置"对话框中的"版式"选项卡,可以设置页眉页脚的显示方式、页面垂直对齐方式等内容。

操作方法如下:

1.在【页面布局】选项卡中,点击"页面设置"工作区中右下角的箭头,单击"版式"标签,切换到"版式"选项卡。

2.单击"页面"选项组下的"垂直对齐方式"右侧的下拉三角按钮,在展开的列表中单击"顶端对齐"选项。

3.在"页眉和页脚"选项组中的"页眉"数值框中设置页眉距纸张的上边界距离。

4.在"页眉和页脚"选项组中的"页脚"数值框中设置页脚距纸张的下边界距离。

5.单击"确定"按钮,如图 7-5 所示。

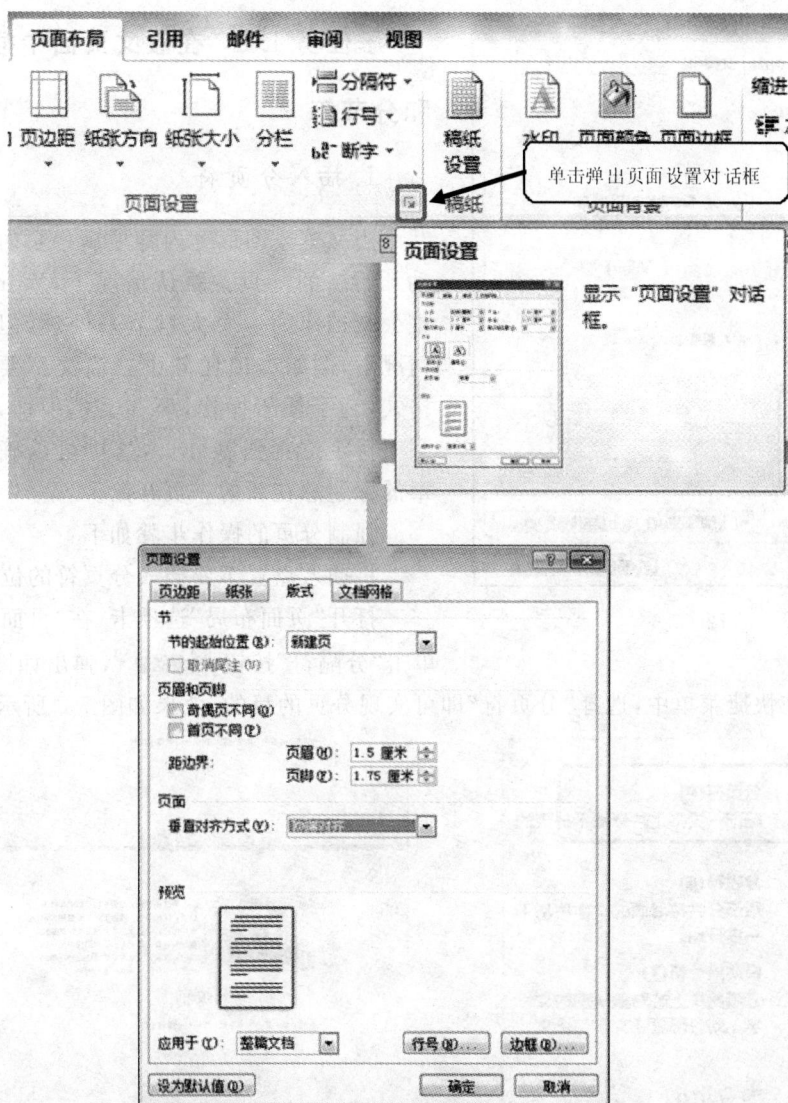

图　7-5

小贴士：

选中"奇偶页不同"复选框，可以为文档的奇数页和偶数页设置不同的页眉或页脚。选中"首页不同"复选框，可以单独设置首页的页眉页脚，也可以去掉首页的页眉页脚。

②文档网格

设置文档中文字的排列方向、每页的行数及每行的字数等内容。

操作方法为：

在图 7-5 中的"页面设置"对话框中单击"文档网格"标签，切换到"文档网格"选项卡下，在"网格"选项组中选择"只指定行网格"类型即可，如图 7-6 所示。

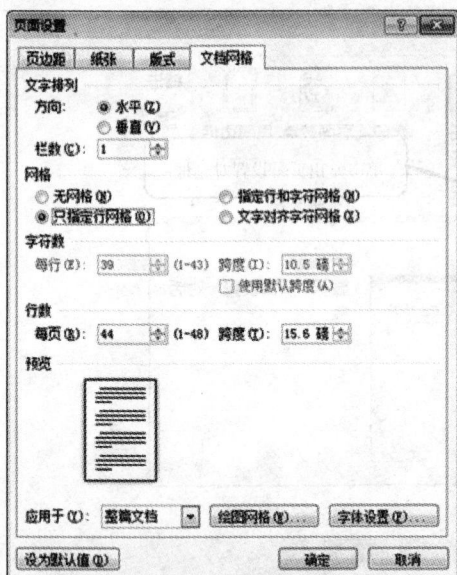

图　7-6

子任务 1.2　在散文页面中插入分页符和分节符

1. 插入分页符

当文本或图形等内容填满一页时，Word 会自动开始新的一页。默认情况下，Word 2010 是将整个文档作为一个大章节来处理，但在一些特殊情况下，例如本项任务中三篇文章要求有不同的格式，为了便于操作，可在文档中加入分页符，在某个特定位置强制分页，这样可以确保每一篇文章的标题总在新的一页开始。

强制分页的操作步骤如下：

将插入点置于要插入分页符的位置；

打开"页面布局"选项卡，在"页面设置"组中单击"分隔符"按钮 ，弹出如图 7-7 所示的快捷菜单。在快捷菜单中，选择"分页符"即可实现分页的目的，效果如图 7-8 所示。

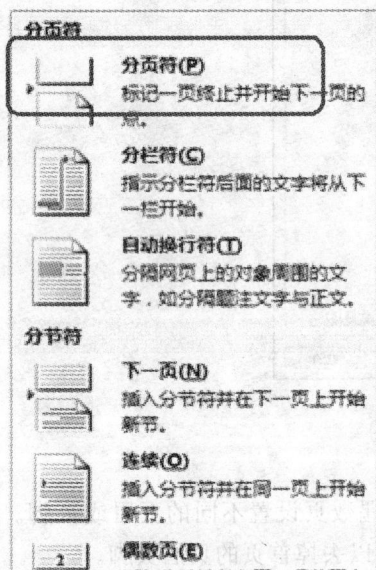

图　7-7

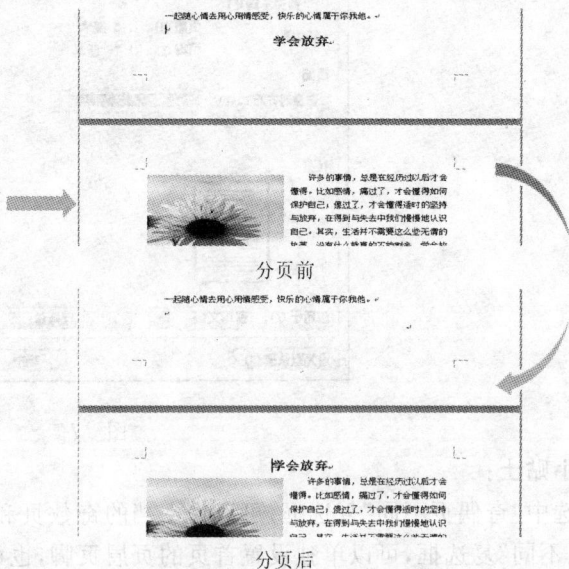

图　7-8

同样方法，在题目"给自己的 21 句话"前插入"分页符"。

小贴士：

将插入点定位在要分页的段落之前，选择"插入"选项卡，在"页"组中单击"分页"按钮 ，也可以实现分页操作。按【Ctrl＋Enter】组合键也可实现分页操作。

2.插入分节符

如果建立一个文档,需要设置许多格式,如页边距、页眉、页脚等,如果想要在文档的不同部分采用不同的格式,则可用分节符将整篇文档分割成几节(部分)。分节后,即可单独设置每节的格式和版式,从而使文档的排版和编辑更加灵活。

插入分节符步骤如下:

①将插入点定位到新节的开始位置。

②打开"页面布局"选项卡,在"页面设置"组中单击"分隔符"按钮 ▤分隔符▾ ,弹出如图7-7 所示的快捷菜单。

③在"分节符类型"中,选择下面的一种:

1)下一页:选择此项,光标当前位置后的全部内容将移到下一页面上。

2)连续:选择此项,Word 将在插入点位置添加一个分节符,新节从当前页开始。

3)偶数页:光标当前位置后的内容将转至下一个偶数页上,Word 自动在偶数页之间空出一页。

4)奇数页:光标当前位置后的内容将转至下一个奇数页上,Word 自动在奇数页之间空出一页。

本任务中,在插入"分页符"操作之后,要想实现每个主题的文章作为一个独立的部分,需要插入"分节符",从第二个主题开始,在每个主题的前面,插入"连续"分节符,达到任务目的。

小贴士:

本任务中要求,把每个主题单独成为一个独立的部分,除了采用插入"分页符"和"连续"分节符,也可以采用插入分节符中的"下一页"来实现。

子任务 1.3　为每个主题的散文页面分别添加不同的页眉、页码并保存文档

页眉和页脚位于文档中每个页面的顶部和底部的区域,通常用于显示文档的附加信息,例如页码、日期、作者名称、单位名称、徽标或章节名称等。可以根据自己的需要在页眉和页脚中插入文本或图形。本任务中,要求三个主题对应的三个页面有不同的页眉。

1.插入页眉

操作步骤如下:

①建立如图 7-9 所示的文档;

②切换到"插入"选项卡;

③在"页眉和页脚"工具组单击"页眉"下拉按钮,即弹出下拉列表,如图 7-10 所示。

④在弹出的页眉样式库中,单击一种页眉样式,本任务中选择"编辑页眉"命令,进入页眉编辑状态,在文档的第一篇上方的页眉处,添加页眉内容"成功法则",这样设置以后,该文档的所有页眉内容都是"成功法则",如图 7-10 所示。

⑤要想把每个部分设置成不同的页眉内容,需要双击页眉内容,进入"页眉和页脚"编辑状态,选中第二个主题页眉处的内容,在"页眉和页脚工具"选项中单击"链接到前一条页眉",断开第二部分和第一部分的链接,然后在第二部分页眉处添加内容"经典文章",这样第二部分的页眉内容就和第一部分的内容不同了,如图 7-11 所示。

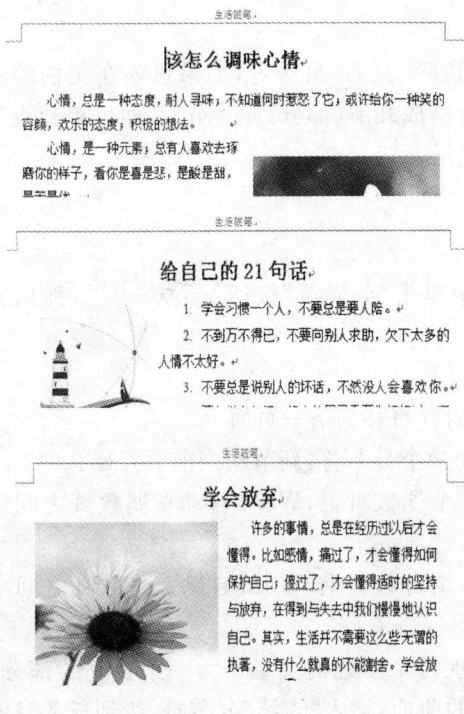

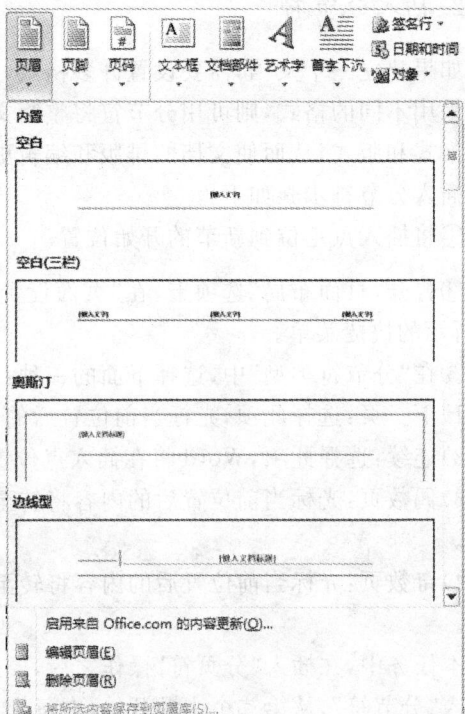

图　7-9　　　　　　　　　　　　　　　图　7-10

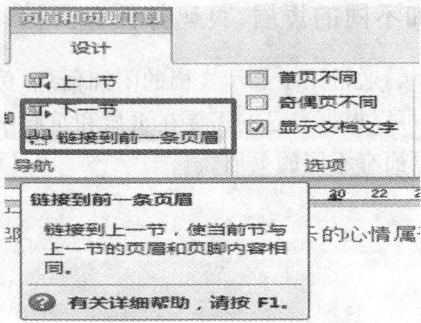

断开链接

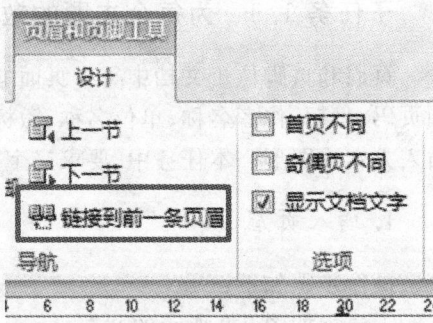

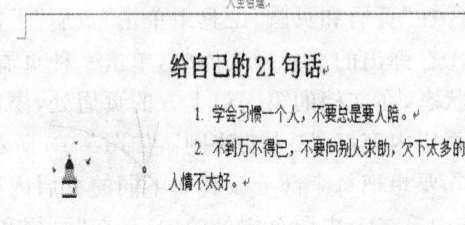

图　7-11

同样的方法,以后几个部分的页眉也采用这种方式进行设置即可。

2.插入和设置页码

页码是指为文档每页所编排的号码,便于读者阅读和查找。页码一般添加在页脚中。

插入页码的步骤如下:

①单击"插入"选项卡下"页眉和页脚"组中的"页码"按钮,打开如图 7-12 所示的菜单。

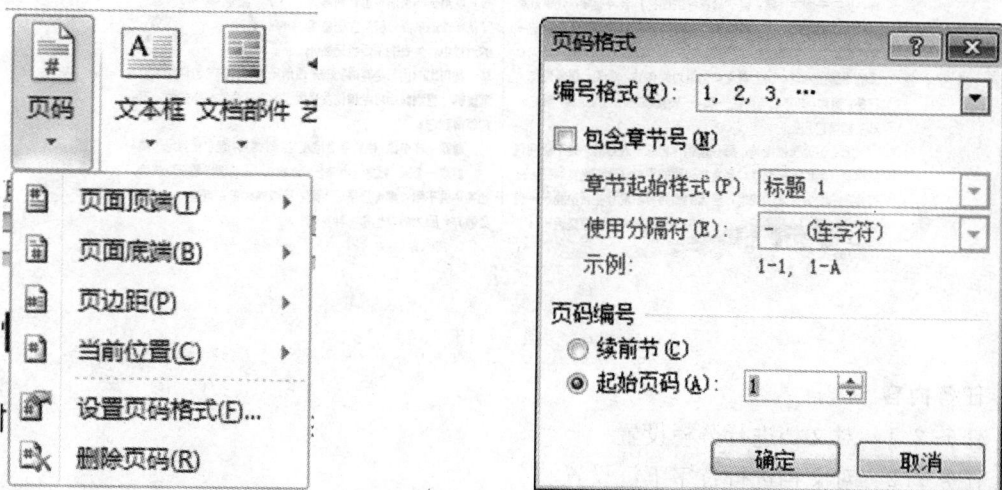

图　7-12

②在菜单中选择页码的位置和样式即可。

在文档中如果需要使用不同于默认格式的页码,就需要对页码的格式进行设置。

对页码进行设置的步骤如下:

①单击"插入"选项卡下"页眉和页脚"组中的"页码"按钮;

②在打开的菜单中选择"设置页码格式"命令,打开"页码格式"对话框,如图 7-12 所示;

③在对话框的"编号格式"下拉列表中,选择一种页码格式;在"页码编号"选项区域中,可以设置页码的起始页。

3.保存散文文档

至此,已完成三篇散文页面的编排。

任务检验

通过老师邮箱上交已完成页面编排后的三篇散文电子版。

任务 2 设置个性化的"学会放弃"文档

任务目的

使用 Word 2010 的特殊排版功对文档"学会放弃"进行个性化的排版,效果如图 7-13 所示。

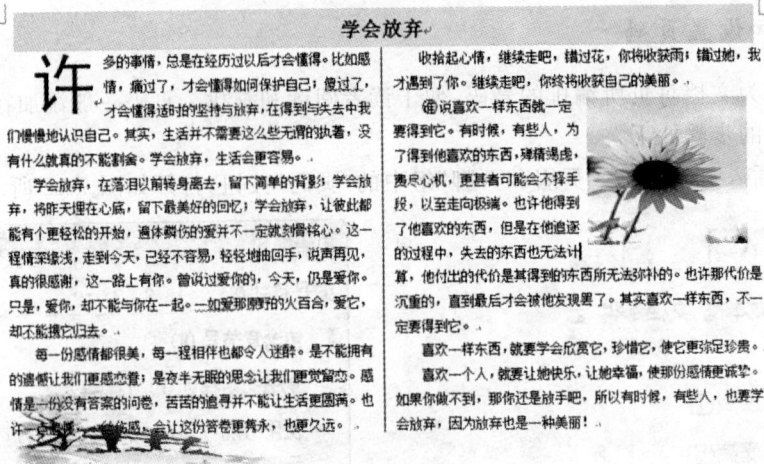

图　7-13

任务内容

任务 2.1　对文档进行分栏设置

任务 2.2　对文档进行首字下沉设置

任务 2.3　设置字体的特殊效果,带圈字符

任务实施

子任务 2.1　对"学会放弃"文档分栏排版

①选定"学会放弃"正文,选择【页面布局】命令标签中"页面设置"组中的"分栏"按钮,弹出如图 7-14 所示的下拉菜单,选择下拉菜单中的"两栏"命令,即可把原文档分为两栏的效果。可选"更多分栏"进行自定义设置,如图 7-15 所示。

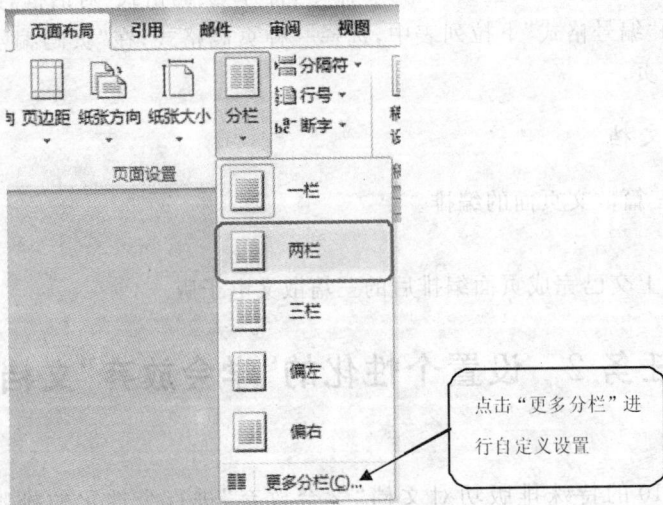

图　7-14

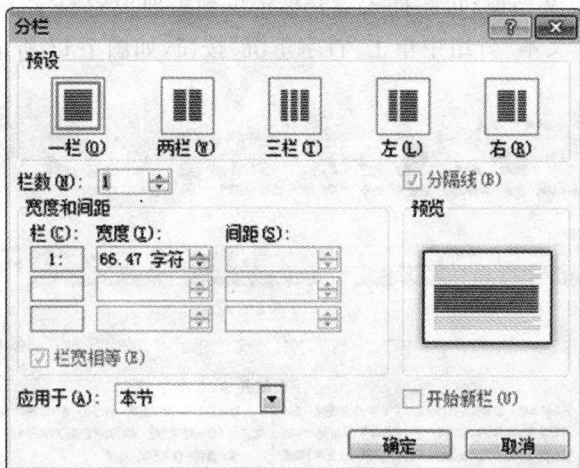

图　7-15

②进行"分栏"设置后得到如图 7-16 所示效果。

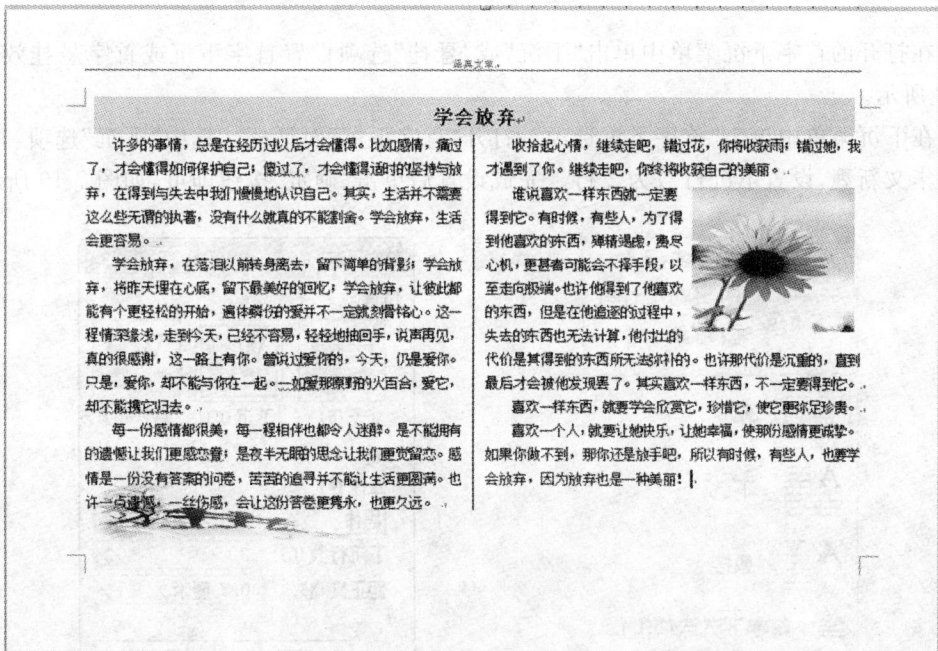

图　7-16

小贴士：

在"分栏"的过程中，除了可以分成每栏宽度均相同的情况，还可以设置每栏的宽度。对于题目往往需要设置为"通栏标题"，操作步骤是：选中设置为通栏标题的文本，选择"一栏"即可。

子任务 2.2　对"学会放弃"文档设置首字下沉

首字下沉是指将 Word 文档中段首的一个文字放大，并进行下沉或悬挂设置，以凸显段落或整篇文档的开始位置。在 Word 2010 中设置首字下沉或悬挂的步骤如下：

①打开 Word 2010 文档窗口,将插入点光标定位到需要设置首字下沉的段落中。然后切换到【插入】功能区,在"文本"分组中单击"首字下沉"按钮,如图 7-17 所示。

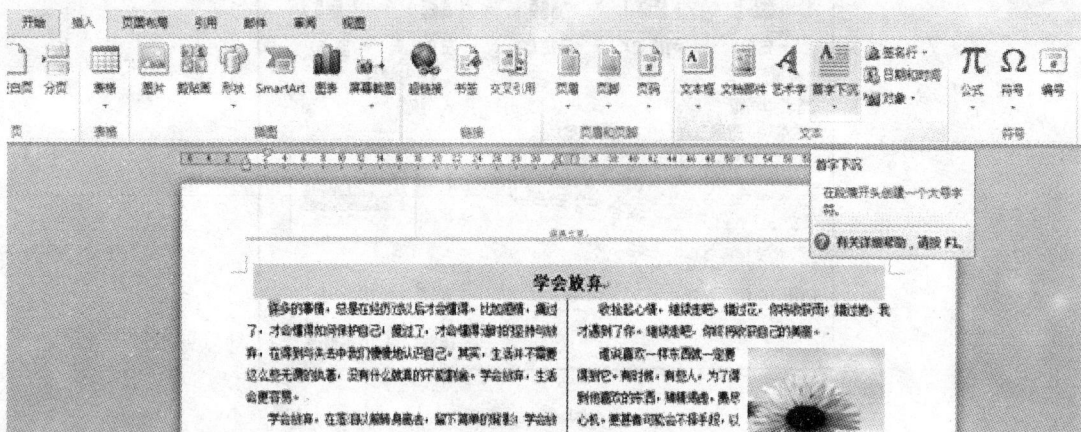

图 7-17

②在打开的首字下沉菜单中单击"下沉"或"悬挂"选项设置首字下沉或首字悬挂效果,如图 7-18 所示。

③在下沉菜单中单击"首字下沉选项",打开"首字下沉"对话框。选中"下沉"选项,并选择字体为华文新魏,设置下沉行数为 2 行。完成设置后单击"确定"按钮即可,如图 7-19 所示。

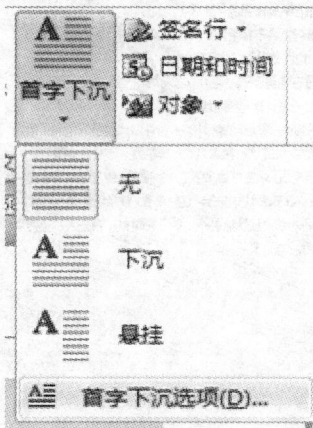

图 7-18

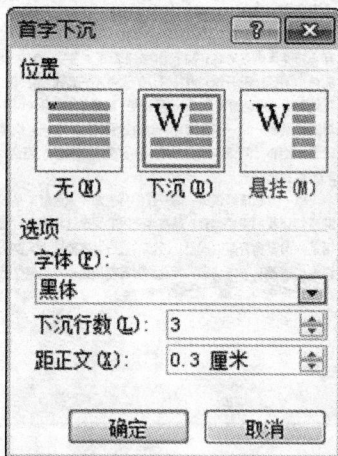

图 7-19

④效果如图 7-20 所示。

小贴士:

如果想要进行下沉的是多个字符,可以先选择这些字符,再按照上述方法操作,即可达到下沉效果。

经典文学

图　7-20

子任务 2.3　对"学会放弃"文档设置字体特殊效果

①先选中需要设置"带圈字符"的文本内容,单击"开始"选项卡下的"字体"组中的"带圈字符"按钮字,即可弹出"带圈字符"对话框,如图 7-21 所示。

②在对话框中的"样式"选项组中单击"增大圈号"按钮,然后单击"确定"按钮,单击"确定"按钮,即可设置成功,如图 7-22 所示。

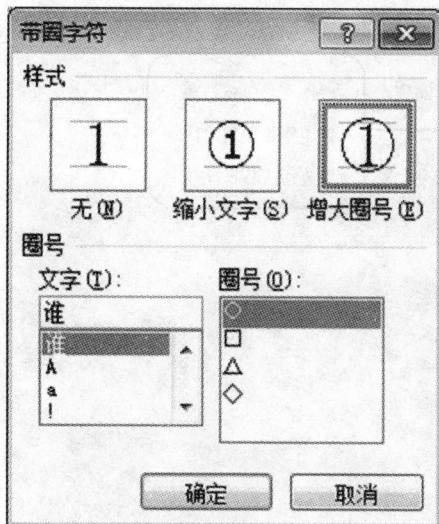

图　7-21

图　7-22

任务检验

通过老师邮箱上交完成编排的"学会放弃"散文电子版。

任务3 打 印 文 档

任务目的

实现在任务 3.2 中完成的"个性文档"的打印。

任务内容

子任务 3.1　进行打印预览

子任务 3.2　设置打印选项

任务实施

子任务 3.1　打印预览

①文档完成后,打开"自定义快速访问工具栏",选中"打印预览和打印"项,快速访问工具栏上新增了"打印预览" ![图标] 工具按钮,如图 7-23 所示。

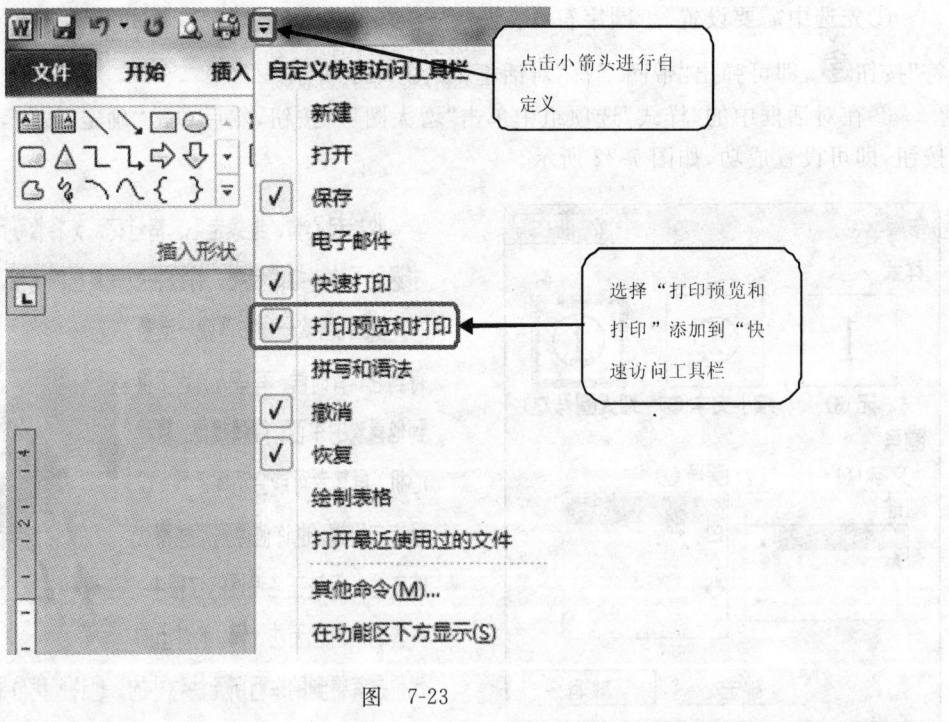

图　7-23

②点击"打印预览"按钮即可进入打印预览状态查看文档打印后的效果。进入打印预览状态后,可点击各功能选项进行相关设置,如图 7-24 所示。

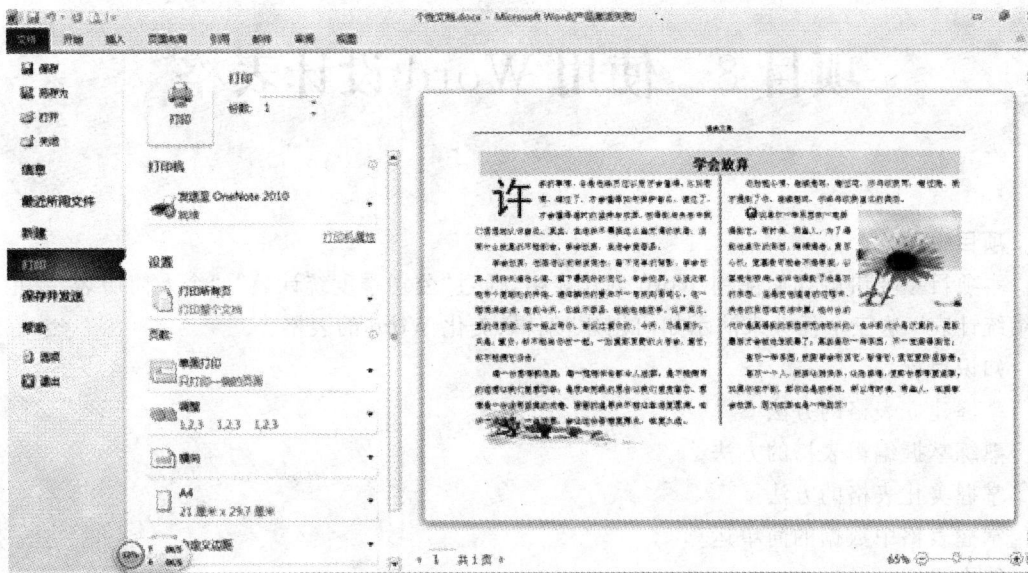

图　7-24

子任务 3.2　打印文档

①预览文档后,确认文档已不需要修改就可以将其打印输出。打印文档的方法如下:预览文档后选择"打印"命令。

②打开"打印"对话框,如图 7-25 所示,在其中选择打印机的名称、设置打印页面的范围以及打印的份数等。

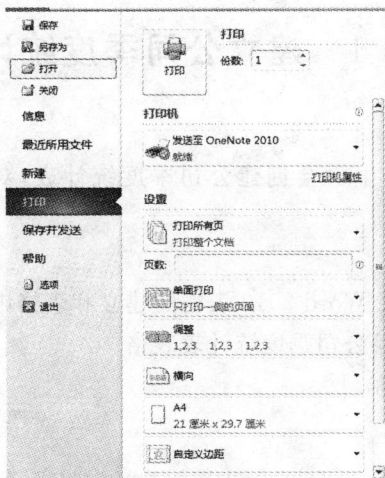

图　7-25

③单击"🖶打印"按钮,与电脑连接的打印机将自动打印输出文档。

任务检验

上交打印稿。

项目 8　使用 Word 设计表格

项目说明

本项目主要讲解如何使用 Word 创建表格,通过"公司季度统计表"、"个人简历表"、"销售业绩统计表"这三个任务来演示如何创建、编辑、美化 Word 的表格。

知识目标

掌握建立表格的方法

熟练掌握编辑表格的方法

掌握美化表格的方法

掌握表格中数据的简单运算

能力目标

会制作简单的表格

能对表格进行编辑

能完成表格的基本美化

项目分解

任务 1　建立安源食品公司季度统计表

任务 2　制作个人简历表

任务 3　创建销售业绩统计表

任务 1　建立公司季度统计表

任务目的

本任务的主要目的是让学生学会创建公司季度统计表,对表格进行修改,并输入表格内容。

任务内容

通过建立公司统计表,学会 Word 2010 表格的建立和表格内容的填写,共有 2 个子任务。

子任务 1.1　创建安源食品公司季度统计表表格

子任务 1.2　输入表格内容

任务实施

子任务 1.1　创建表格

①打开 Microsoft Word 2010,鼠标单击左上角"文件"→"另存为",弹出"另存为"对话框,输入"安源食品公司季度统计表",单击"保存",如图 8-1 所示。

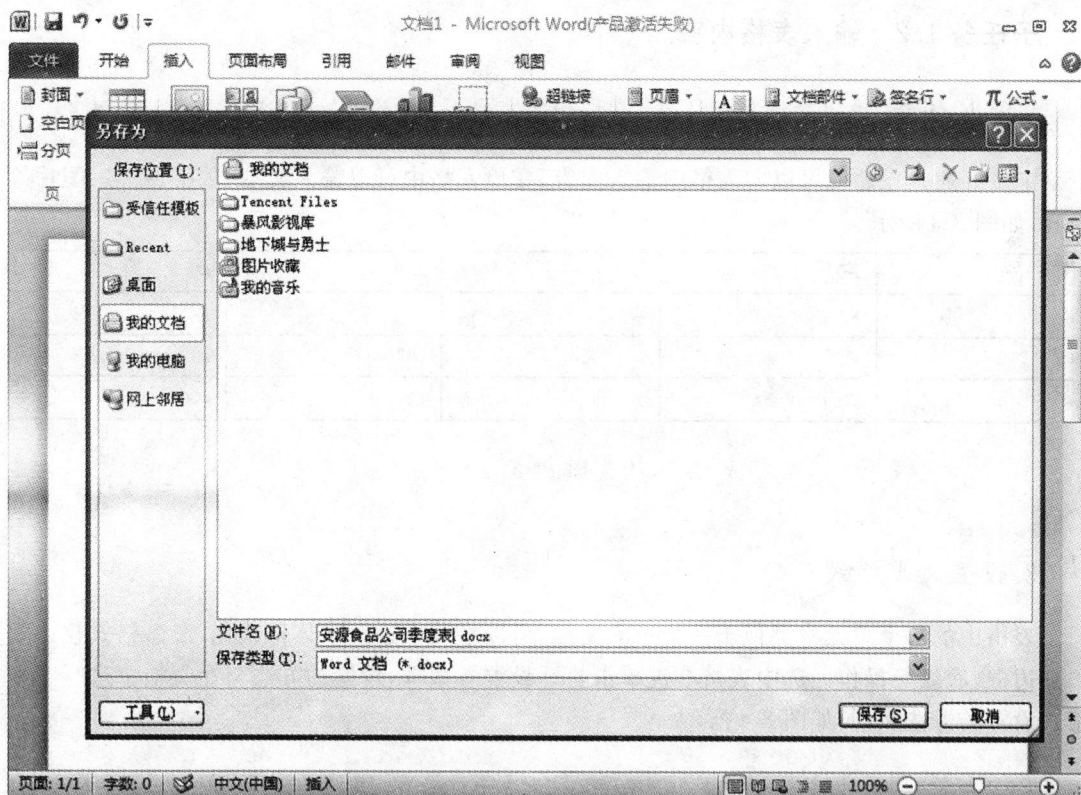

图　8-1

②执行"插入"→"表格",网格框中对插入表格的宽列进行选择,如图 8-2 所示。

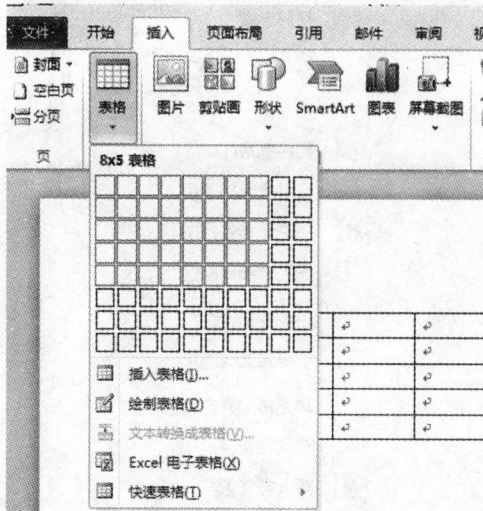

图　8-2

子任务 1.2　输入表格内容

1.输入内容

定位好插入点后就可以向表格中输入内容,在单元格中可以输入文本、数字、符号、图片等内容,如图 8-3 所示。

统计员↵	产品↵	↵	↵	↵
↵	↵	↵	↵	↵
↵	↵	↵	↵	↵
↵	↵	↵	↵	↵

图　8-3

2.设置文本格式

表格中的每个单元格类似于一个小的文档,可以在其中进行字体格式化、段落格式化以及添加边框、底纹等操作。选中表格右键单击打开设置参数框,设置的方法与在文档中进行文本格式设置的方法相同,如图 8-4 所示。

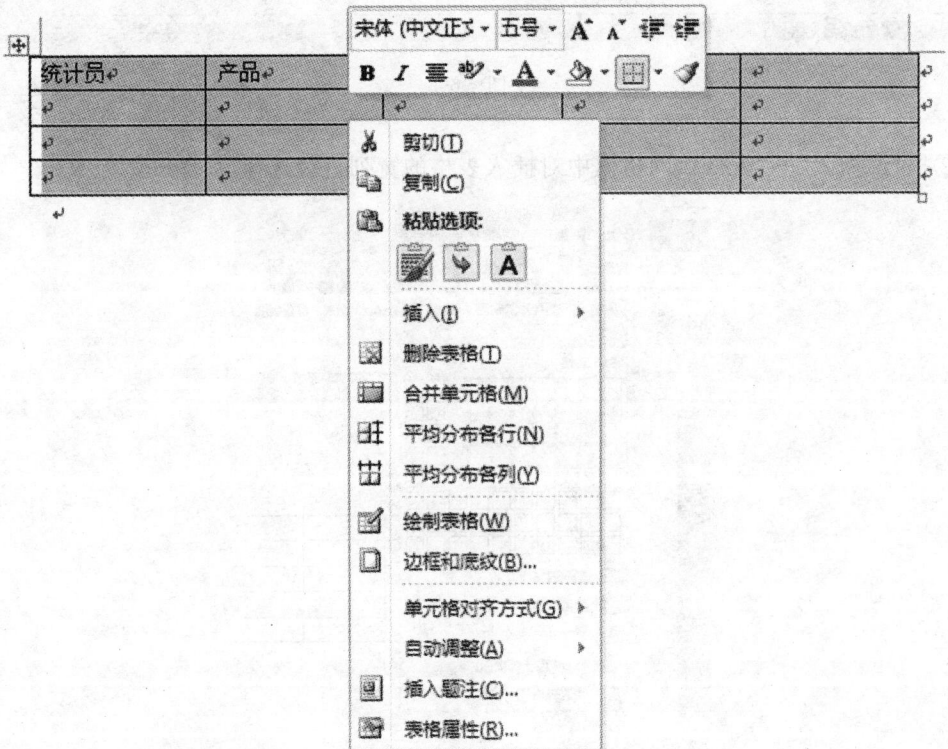

图　8-4

3.表格最终效果如图 8-5 所示。

安源食品公司季度统计表

统计员	产品	单价（元）	数量	销售金额（元）
张辉	南瓜子	1200	500	
张以静	原味西瓜子	1350	400	
刘文凯	话梅西瓜子	1660	200	
张以静	多味脱皮	810	60	
王静	五香花生	750	300	
张以静	奶油瓜子	900	400	

图　8-5

任务检验

通过老师邮箱上交完成"安源食品公司季度统计表"。

任务 2　制作个人简历表

任务目的

设计"个人简历表"。

任务内容

通过制作个人简历表学会 Word 2010 表格的编辑与设置,有以下 5 个子任务:

2.1　选择单元格

2.2　调整表格在页面中的位置

2.3　单元格的合并

2.4　设置表格的行高与列宽

2.5　行与列的插入和删除

任务实施

子任务 2.1　选择单元格

①首先创建一个 8 行 7 列的表格,保存为"个人简历表",如图 8-6 所示。

②将鼠标指向某个单元格的左侧,当指针呈现黑色箭头 ▮ 时,单击鼠标左键即可将其选定,效果如图 8-7 所示。单击待选择区域的第一个单元格或将鼠标指向待选择单元格的左侧,当指针呈现黑色箭头 ▮ 时,按住鼠标左键拖至待定区域的最后一个单元格,拖动的起始位置到

终止位置之间的单元格将被选定,效果如图 8-8 所示。先选定第一个单元格,然后按下【Ctrl】键不放,依次单击待选择的其他单元格,选择完成后释放【Ctrl】键,即可完成不连续单元格的选定,效果如图 8-9 所示。

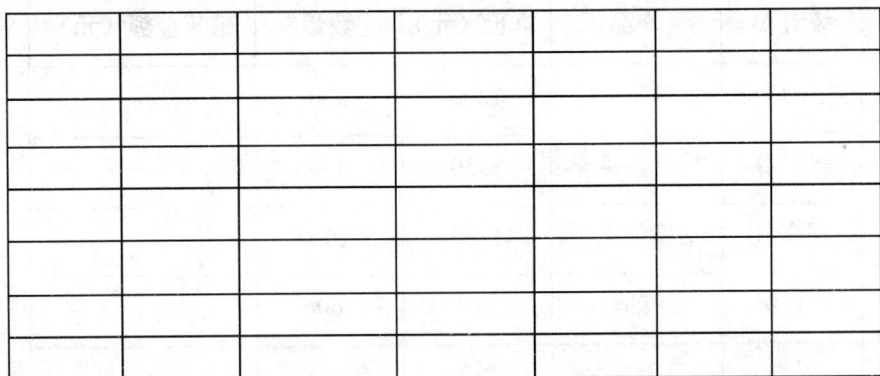

图　8-6

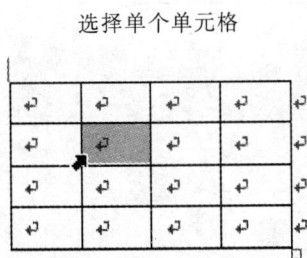

图　8-7

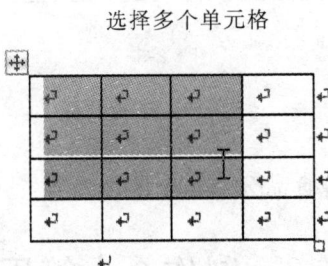

图　8-8

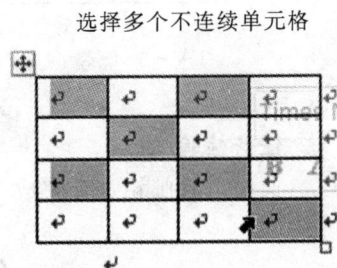

图　8-9

小贴士:

通过功能区也可实现单元格、行列和表格的选择。定位好光标的插入点,切换到"表格工具/布局"选项卡,单击"表"工具组中的"选择"按钮,在弹出的下拉菜单中选择相应的选项即可。操作界面如图 8-10 所示。

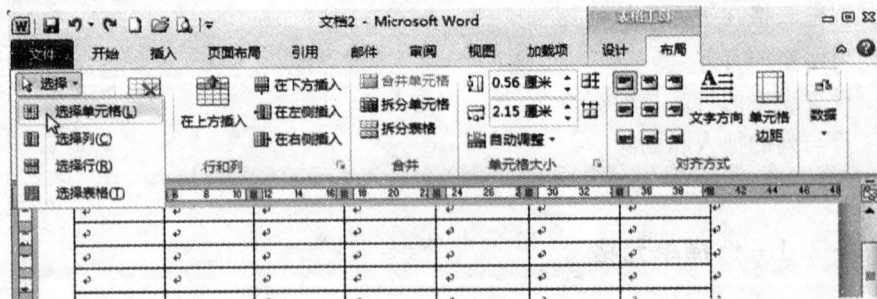

图　8-10

子任务 2.2　调整表格在页面中的位置

如果表格位置不合适,可以将表格从一个位置移到另外一个位置,也就是说要调整表格在页面中的位置。

①选中整个表格,切换到"开始"选项卡,然后单击"段落"工具组中的对齐方式即可,如图 8-11 所示。

②选中表格则激活"表格工具",单击"布局"选项卡下的"单元格大小"工具组中的"自动调整"按钮,在下拉列表中选择相应的命令即可,如图 8-12 所示。

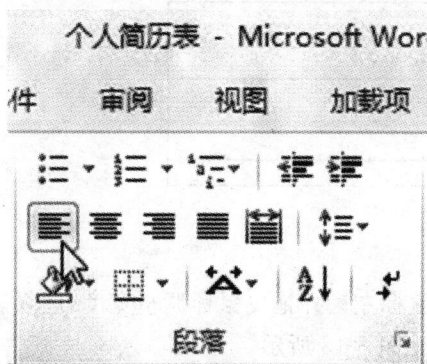

图　8-11

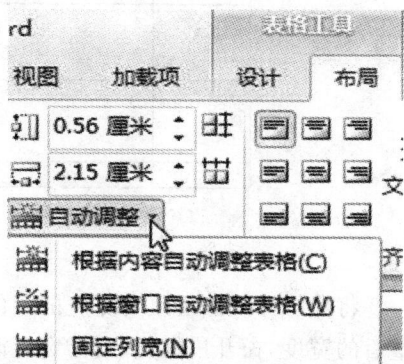

图　8-12

子任务 2.3　单元格的合并

①选取需要合并的单元格,右键单击打开选线框,执行"合并单元格"命令,如图 8-13 所示。

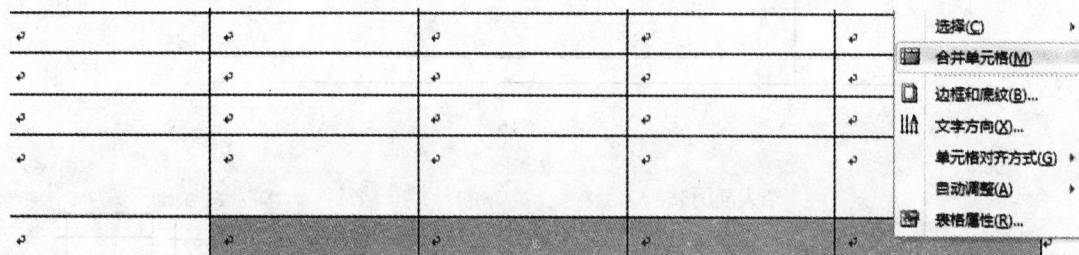

图　8-13

②最终效果如图 8-14 所示。

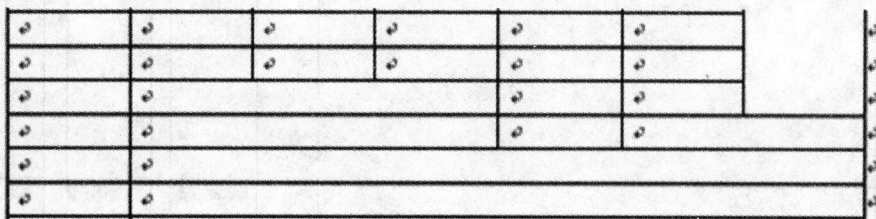

图　8-14

子任务 2.4　设置表格的行高与列宽

单元格的高度和宽度不符合要求，我们可根据需要进行行高和列宽的调整。

①将鼠标移动到要改变高度的行的横线上，按住鼠标左键并拖曳鼠标调整高度，虚线表示调整后的高度，如图 8-15 所示。松开鼠标，该行的高度改变。

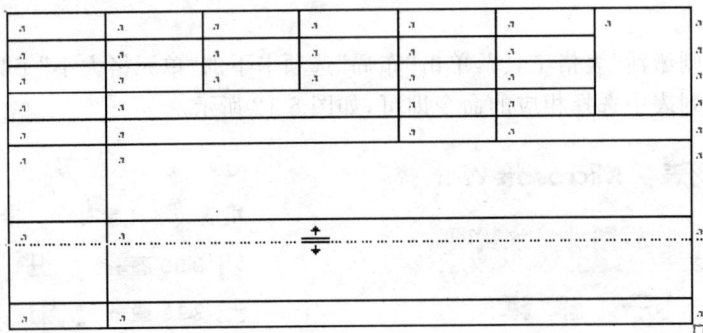

图　8-15

②将鼠标移动到要改变宽度的列的竖线上，按住鼠标左键并拖曳鼠标调整宽度，虚线表示调整后的宽度，松开鼠标，该列的宽度改变，如图 8-16～图 8-18 所示。

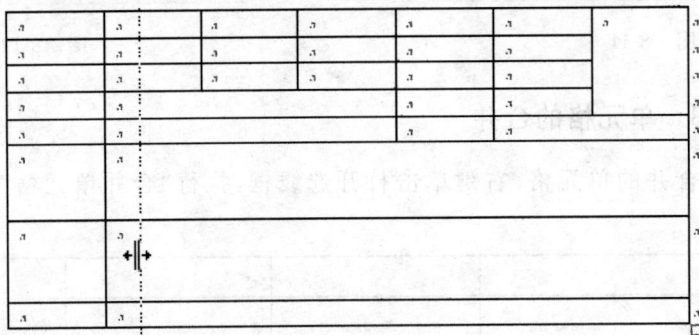

图　8-16

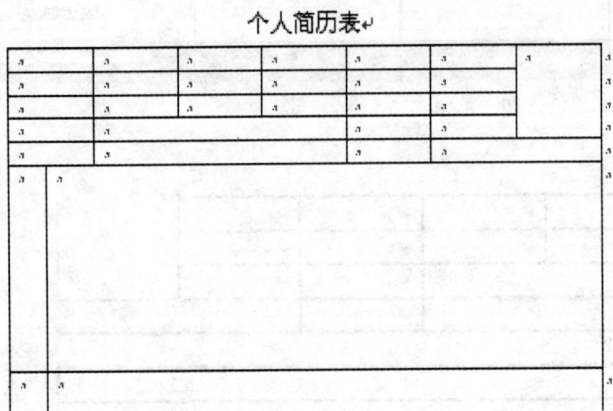

图　8-17

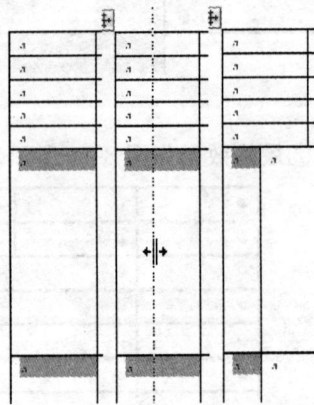

图　8-18

子任务 2.5　行与列的插入和删除

当表格范围不符合要求时,可根据需要插入或删除单元格、行和列。

1. 利用快捷菜单插入行和列

将光标定位在待插入位置的某个单元格,单击鼠标右键,从弹出的快捷菜单中选择相应命令即可,如图 8-19 所示是在指定列的右侧插入一列。

图　8-19

2. 删除行和列

将光标定位在待删除位置的任意一个单元格内,切换到"表格工具"→"布局"选项卡,单击"行和列"工具组中的"删除"按钮,从弹出的下拉菜单中选择"删除行"或"删除列"命令,即可完成相应行和列的删除,操作界面如图 8-20 所示。

图　8-20

3. 最终表格如图 8-21 所示

个人简历

姓名		性别		出生日期		照片
民族		最终学历		政治面貌		
婚姻状况		毕业院校				
联系地址				邮政编码		
联系电话				E-mail		
主要工作经历						
自我简介						
个人兴趣						

图 8-21

任务检验

通过老师邮箱上交"个人简历"。

任务 3 创建销售业绩统计表

任务目的

使用 Word 2010 设计宏远公司第一季度"销售业绩统计表",完成"宏远公司计算机产品销售情况表"中销售金额的计算,并按降序进行排序。

任务内容

通过制作销售业绩统计表学会 Word 2010 表格的表头斜线绘制、表格数据计算与排序和表格的美化,共有 4 个子任务。

任务 3.1 在表格中绘制斜线表头;

任务 3.2 对表格中的数据进行计算;

任务 3.3 将表格中的数据快速排序;

任务 3.4 美化表格

任务实施

子任务 3.1 在表格中绘制斜线表头

①将插入点定位在第 1 行第 1 列的单元格中,为了方便制作表头后输入文字,首行的高度拖曳成双行文字,如图 8-22 所示。选中第一个单元格,切换到"表格工具"→"设计"选项卡,单击"绘图边框"工具组中的"绘制表格"按钮。在该单元格中依对角线画一条斜线。

②在第一个单元格插入的两行中分别输入文字"月份"和"品名"。"月份"的对齐方式为右对齐,"品名"的对齐方式为左对齐,如图 8-23 所示。

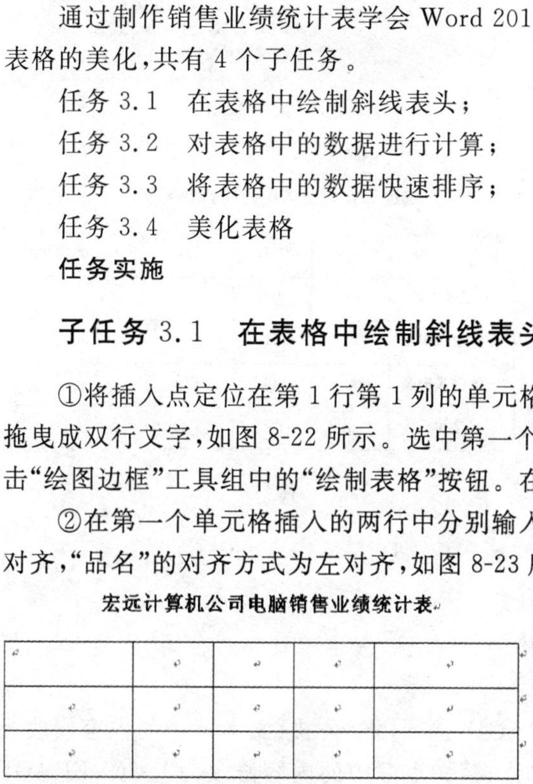

宏远计算机公司电脑销售业绩统计表

图 8-22

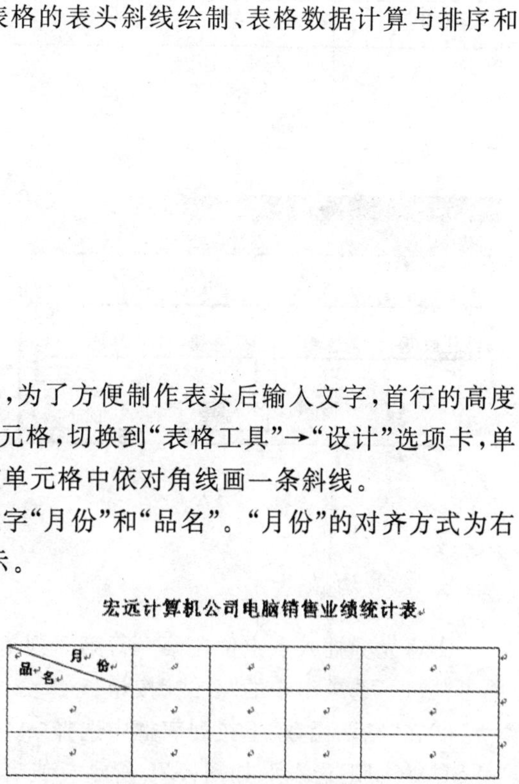

宏远计算机公司电脑销售业绩统计表

图 8-23

子任务 3.2 对表格中的数据进行计算

1. 求和

①创建表格,如图 8-24 所示。

②将光标插入点定位在第 5 行第 2 列单元格中,切换到"表格工具"→"布局"选项卡,然后单击"数据"选项组中的"公式"按钮,如图 8-25 所示。

③单击"公式"按钮,将弹出如图 8-26 所示的"公式"对话框,在"公式"文本框中输入运算公式,当前单元格的公式应为"=SUM(ABOVE)",即求当前单元格以上所有数据的和。公式输入结束后单击 确定 按钮。

④用同样方法可计算出各月的总计,运算结果如图 8-27 所示。

宏远计算机公司电脑销售业绩统计表

月份 品名	一月	二月	三月	平均业绩(万元)
笔记本电脑	86	98	81	
分体台式电脑	67	71	53	
一体台式电脑	42	45	37	
总计				

图　8-24

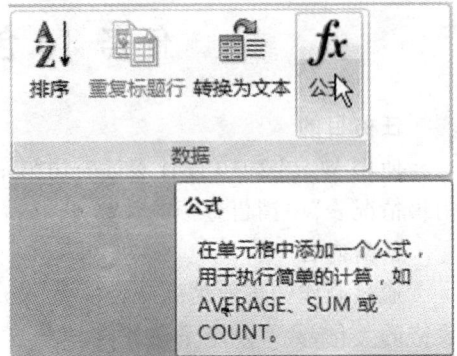

图　8-25

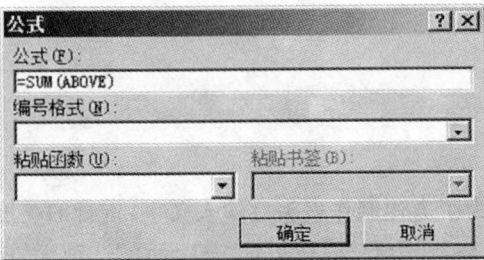

图　8-26

宏远计算机公司电脑销售业绩统计表

月份 品名	一月	二月	三月	平均业绩(万元)
笔记本电脑	86	98	81	
分体台式电脑	67	71	53	
一体台式电脑	42	45	37	
总计				

图　8-27

2. 求平均值

①将光标插入点定位在第 2 行第 5 列单元格中，切换到"表格工具"→"布局"选项卡，然后单击"数据"选项组中的"公式"按钮。

②在"粘贴函数"下拉列表框中选择"AVERAGE"选项，将"公式"文本框中的内容修改为"＝SUM(LEFT)/3"，如图 8-28 所示。或者将"公式"文本框中的内容修改为"＝AVERAGE(LEFT)"。

③公式输入结束后单击 确定 按钮。

④按同样的方法，计算其他平均业绩，运算结果如图 8-29 所示。

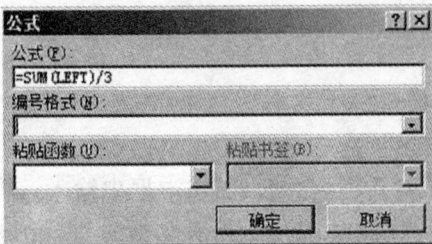

图　8-28

宏远计算机公司电脑销售业绩统计表

月份 品名	一月	二月	三月	平均业绩(万元)
笔记本电脑	86	98	81	88.33
分体台式电脑	67	71	53	63.67
一体台式电脑	42	45	37	41.33
总计	195	214	171	193.33

图　8-29

子任务 3.3　将表格中的数据快速排序

①选中需要排序的表格区域。

②选择表格工具的"布局"选项卡,在"数据"选项组中单击"排序"按钮,打开"排序"对话框。

③在对话框中的"主要关键字"的选项区中选择"销售金额(元)",在"类型"下拉列表框中选择"数字"选项,并且选中"降序"单选按钮,如图 8-30 所示。

④参数设置结束后,单击 确定 按钮。操作后的结果如图 8-31 所示。

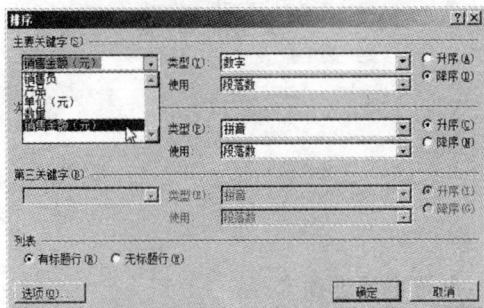

图　8-30

宏远计算机公司产品销售情况表

销售员	产品	单价(元)	数　量	销售金额(元)
张 浩	服务器	12800	3	38400
李 静	显示器	1980	7	13860
王 凯	移动硬盘	660	6	3960
马 凯	音 响	210	4	840
黄 静	键 盘	120	4	480
张 扬	闪存盘	110	4	440

图　8-31

子任务 3.4　美化表格

1. 设置表格的对齐方式

①将光标定位在表格中,切换到"表格工具"→"布局"选项卡,然后单击"表"选项组中的"属性"按钮,将弹出"表格属性"对话框,如图 8-32 所示。

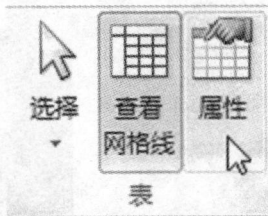

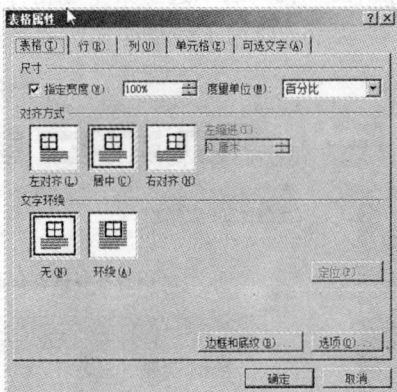

图　8-32

②在"表格属性"对话框中,切换到"表格"选项卡,然后在"对齐方式"选项组中选择需要的对齐方式。设置完成后,单击 确定 按钮即可。

2. 设置文本的对齐方式

①选择需要设置对齐方式的单元格；

②切换到"表格工具"→"布局"选项卡，在"对齐方式"选项组中有九种方式可供选择，单击需要的按钮即可，如图 8-33 所示。

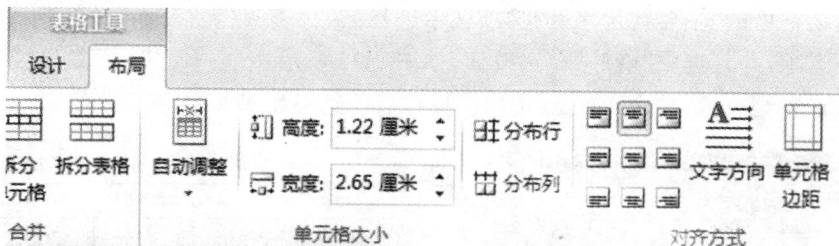

图　8-33

3. 套用表格样式

①将插入点定位在选定表格，激活"设计"选项卡，再选中该选项卡；

②单击"表格样式"选项组中下拉按钮，滚动查看表格样式，如图 8-34 所示；

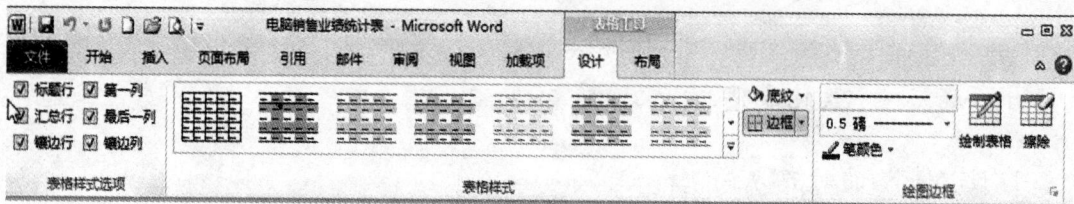

图　8-34

③在弹出的下拉列表中选择某个表格样式时，可以预览效果，对其单击即可应用到当前表格，如图 8-35 所示是应用了表格样式后的销售业绩统计表。

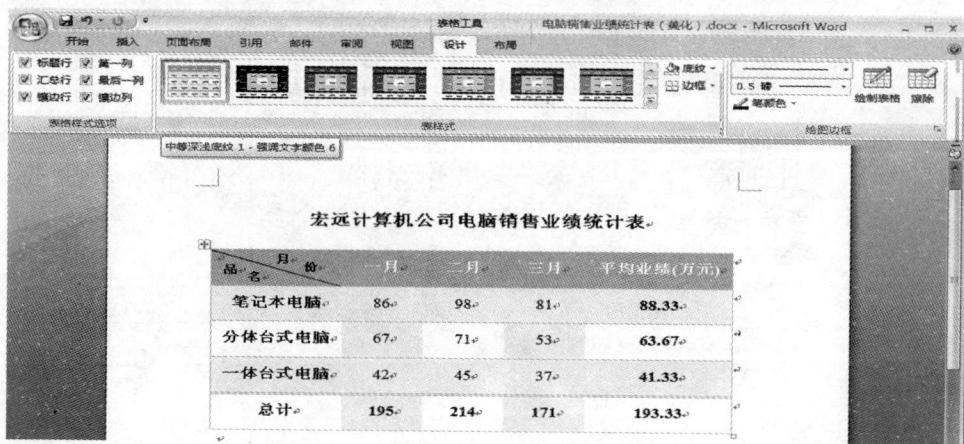

图　8-35

4. 设置边框和底纹

①选中表格或者单元格后,单击"表格工具"中的"设计"选项卡,在"表格样式"选项组中单击"边框"下拉按钮 边框，在展开的下拉菜单中选择"边框和底纹"菜单命令,打开"边框与底纹"对话框,单击"边框"选项卡,如图 8-36 所示。

②对边框的"样式"、"颜色"和"宽度"进行设置。

③单击"底纹"选项卡,在"填充"下拉列表框中选择单元格底纹的填充颜色,如图 8-37 所示,单击 确定 按钮。

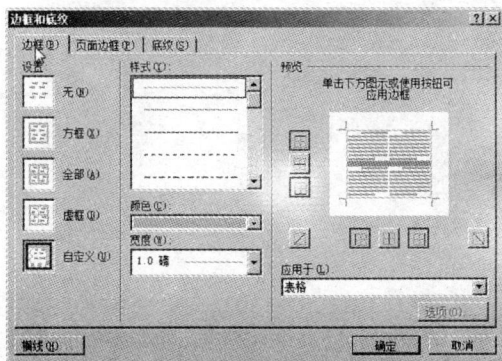

图　8-36

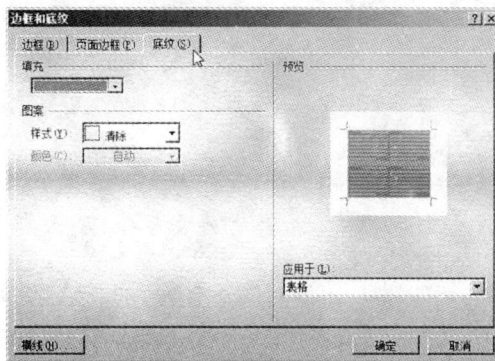

图　8-37

5. 最终效果如图 8-38 所示

宏远计算机公司电脑销售业绩统计表

品名 \ 月份	一月	二月	三月	平均业绩(万元)
笔记本电脑	86	98	81	88.33
分体台式电脑	67	71	53	63.67
一体台式电脑	42	45	37	41.33
总计	195	214	171	193.33

宏远计算机公司产品销售情况表

销售员	产品	单价(元)	数 量	销售全额(元)
张浩	服务器	12800	3	38400
李静	显示器	1980	7	13860
王凯	移动硬盘	660	6	3960
马凯	音响	210	4	840
黄静	键盘	120	4	480
张扬	闪存盘	110	4	440

图　8-38

任务检验

通过老师邮箱上交"销售业绩统计表"。